U0175750

大方
sight

李 政 道
TSUNG-DAO LEE

对称与不对称
SYMMETRIES AND ASYMMETRIES

朱允伦 柳怀祖 编译

中信出版集团 | 北京

从毕达哥拉斯的"万物皆数"，经由牛顿的经典物理学，直至当今的量子世界，物理学的发展在扎根于实验观察的同时，亦常常从艺术领域中获取灵感。

　　悠扬的音乐旋律与美妙的几何图形，竟然蕴含了自然界最基本的奥秘。这些令人惊叹的现象无疑亦系人类探求未知世界动力之源泉。

李政道

1950年6月3日
李政道、秦惠䇹夫妇结婚时在芝加哥市政大楼前

上海交通大学李政道图书馆收藏

《对称与不对称》再版序

对称展示宇宙之美,不对称生成宇宙之实。

在探索宇宙的征途中,对称与不对称交相辉映,构成自然界的基本规律,成为指引人类探索大自然的灯塔。我们发现,描述自然界的理论和方程大多是对称的,而自然界的现实存在却是不对称的。例如,大暴涨中,由于生成的正物质和反物质的不对称才会构成现在的宇宙世界。

"求学问,需学问,只学答,非学问。"科普就是请科学家用深入浅出的方式,向公众讲述科学的道理,激发公众对科学的兴趣,启发对自然界各类现象的探索,提出各种深刻的问题,因而提高国民对科学的素质和修养,建立科技强国之本。

李政道

二〇二〇年八月

前言

　　对称和不对称是从宏观世界到微观世界普遍存在着的现象。从古至今，人们一直在研究和应用着这个自然界十分有趣的现象。1974 年，毛泽东主席会见我时，也饶有兴趣地用了很多时间，从哲学观点上和我讨论这个问题。

　　20 世纪 90 年代初，我曾应美国华盛顿大学出版社要求，写了《对称，不对称和粒子世界》的科普小册子。当时，苏联很快翻译出版了这本书。1992 年，北京大学物理系朱允伦教授把该书译成中文后由北京大学出版社出版。这次中国科学院和中国工程院组织编写了《院士科普书系》，要我写一本科普书。由于我最近实在太忙，没时间再写。因此，请朱允伦教授和中国高等科学技术中心柳怀祖教授帮我在那本小册子的基础上，把近几年来我在国内多次演讲中有关的内容充实进来，重新加以编辑，使内容更加丰富。

他们为此花了很大精力，我向他们致以衷心的感谢。同时，我也感谢叶铭汉院士和中国高等科学技术中心的季承先生、滕丽女士及其他同仁对本书给予的帮助。

李政道

一九九九年十月

目 录
CONTENT

对称的重要性

THE IMPORTANCE OF
SYMMETRY

公元前 4 世纪的屈原在著名的诗《天问》中运用对称性论证了天地都是圆的。这应该是人类最早成功运用几何对称性的例子。

1

"为什么对称是重要的？"这曾是毛泽东主席问我的一个问题。

那是 1974 年 5 月 30 日，中国还处在"文化大革命"的动乱之中，"四人帮"仍处于其权力的巅峰。当时，我特别沮丧地发现，在这个文明古国，教育几乎完全停止。我非常希望有一种办法能改善这种状况。

那天早上 6 点钟左右，在北京饭店，我房间里的电话铃出人意外地响了起来。有人通知我，毛泽东想在一小时内在他中南海的住所见我。尤其使我吃惊的是，在他见到我时，他想了解的第一件事情竟是物理学中的对称性。

按照韦氏字典的注释，Symmetry 的意思是"均衡比例"，或"由这种均衡比例产生的形状美"。在汉语中，Symmetry 的意思是"对称"，这个词带有几乎完全相同的含义。因此，这实质上是一个静止的概念。按照毛泽东的观点，人类社会的整个进化过程是基于"动力学"变化的，动力学是唯一重要的因素，而静力学则不是重要的因素。毛泽东坚持认为，这在自然界也一定是对的。因而，他完全不能理解，对称在物理学中为什么会被捧到如此高的地位。

在我们会见时，我是唯一的客人。在我们的椅子之间有一张小桌子，上面有本子、铅笔和常用来待客的绿茶。我把一支铅笔放在本子上，再使本子倾斜朝向毛泽东，然后又朝向我。这支铅笔就在本子上来回滚动。我指出，尽管没有一个瞬时是静止的，然而，从整体而言，这个动力学过程也有对称性。对称这个概念绝不是静止的，它要比其通常的含义普遍得多，而且适用于一切自然现象，从宇宙的产生到每个微观的亚核反应过程。毛泽东很赞赏这简单的演示。然后，他又询问了有关对称的深刻含义以及其他物理专题的许多问题。

其实，最早认识到对称重要性的也许要算是生活在公元前4世纪的屈原，他在著名的诗《天问》中运用对称性论证了天地都是圆的。这也许是最早的宇宙学著作，而且也许是唯一运用几何对称来论证的、同时又是用诗的语言写成的绝妙篇章。

屈原的《天问》中有如下两首：

九天之际，

安放安属？

隅隈多有，

谁知其数？

东西南北，

其修孰多？

南北顺椭，

其衍几何？

诗中的"九天"是指天半球的九个方向：昊天（东）、阳天（东南）、赤天（南）、朱天（西南）、成天（西）、幽天（西北）、玄天（北）、鸾天（东北）、钧天（中）（如图1.1所示）。

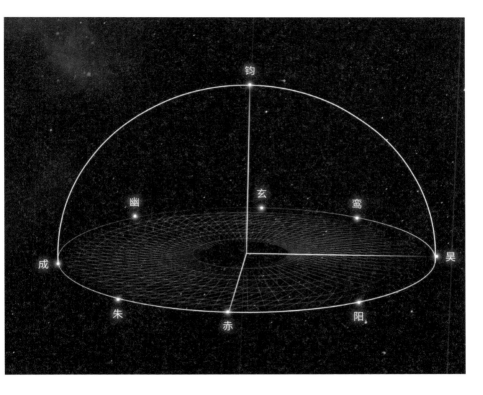

图 1.1 屈原的"九天"

在第一首诗中，屈原论证了天和地都应该是球状的。因为假如地是平的，那么，天和地的交界一定是充满了边和角。怎么可能有这些边和角呢？它们属于天还是地呢？这是不可理解的，也是不合理的，因而应该被否定。因此，天和地不可能相交，二者都必定是球状的，天好像是蛋壳，地好像是蛋黄（当然中间的蛋白是没有的）。

在第二首诗中，屈原猜测地球的形状与理想的球有偏离，他提出问题：是赤道圈的周长长还是子午圈的周长长？另外，他还提出椭圆弧长如何度量长度的问题。现在我们知道，赤道圈直径为 12753.6 千米，比子午圈直径（为 12732.2 千米）略长。但是，早在公元前 5 世纪，屈原在得出地是球状的结论后，又进一步提出地球是椭球的可能性，这实在是太令人惊奇了！

这应该是人类最早成功运用几何对称性的例子。在这本书中我们将看到对称与不对称的问题在自然界、艺术和科学中都占有很重要的地位，在物理学中尤其重要。

物理学中的对称与不对称
SYMMETRIES AND ASYMMETRIES
IN PHYSICS

中国古代文献中最早提到"物理"这个名词的，
可能是唐朝（公元 8 世纪）著名诗人杜甫。

在中文里，"物理"的意思乃"物之理也"，"物"包括从宇宙到亚原子的所有物质，物理学就是研究物质的结构和运动规律的一门基础科学。

中国古代文献中最早提到"物理"这个名词的，可能是唐朝（公元8世纪）著名诗人杜甫，他写了如下诗句：

　　细推物理须行乐，

　　何用浮名绊此身。

　　　　　　　——摘自杜甫《曲江二首》（公元8世纪）

这位古代诗人告诉我们：研究物理、探讨物理规律需要细（仔细观察）、推（演推规律）且自有无穷乐趣，又何须为空名所束缚。

按照现在的物理理论，宇宙中基本的相互作用有以下三大类：

· 强相互作用，描述它的理论为量子色动力学（QCD）。

· 弱电作用，描述它的理论为 $SU(2) \times U(1)$ 理论（标准模型）。

· 引力作用，描述它的理论为爱因斯坦的广义相对论。

自然界的基本相互作用就这三种。描述这些相互作用的理论都是以对称为基础的。然而，大多数的对称量子数又是不守恒的。一方面，理论越来越对称；另一方面，我们发现有越来越多的不对称量子数。这构成了当代物理学的一个基本疑难：既然我们生活的世界充满着不对称，我们为什么还要相信对称性呢？

其实，这是不矛盾的，因为很可能为了要有最大的不对称的可能性，我们必须有绝对的对称性。我想用弹性物体的弯曲的例子来解释这个论点。

如果我们对一个弹性杆从两头向内施加力，那么，当力较小时，杆受到弹性压缩；当力较大时，这个杆就发生弯曲，欧拉早在 18 世纪就已证明：当

$$F > \frac{4\pi^2 E I}{l^2}$$

时，杆就发生弯曲，其中 E 为材料的弹性系数，I 为转动惯量，l 为杆的长度。而杆发生弯曲的可能方向与杆的截面形状有很大关系（如图2.1所示）。

当截面为圆时，对称性最大，弯曲的可能方向有无穷多种；而当截面为矩形时，对称性减小了，弯曲的可能方向就只有两个了；当截面为任意形状时，没有对称性，那就只有一个可能的弯曲方向了。圆形截面具有最大的对称性，它所提供的不对称弯曲的可能性也最大。而且，这些不同的不对称弯曲方向可通过一个转动相联系，且无需能量。

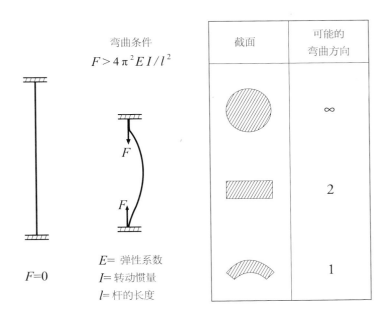

弯曲条件

$$F > 4\pi^2 EI/l^2$$

F

F

$E=$ 弹性系数
$I=$ 转动惯量
$l=$ 杆的长度

$F=0$

截面	可能的弯曲方向
	∞
	2
	1

图 2.1 弹性杆的弯曲

自然与艺术中的对称性
SYMMETRY IN NATURE AND ART

绝对的对称会显得呆板而无生气，
对称中有一点不对称，往往给人一种美学的享受。

弘仁（1610—1664）的山水画是很有名的，他创建了几何山水画的中国画派。从他的作品中，不难找出一幅近似左右对称的山水画［如图 3.1（a）所示］。这种几何山水画是对自然山水的抽象，给人一种美的享受。但是如果把画变成完全左右对称的［图 3.1（b）］，那看上去就呆板而无生气，与充满活力的自然景观毫无共同之处，不仅无美可言，还有点阴森森的，像黑势力的巢穴。

（a）弘仁的山水画《天都峰图》　　　　　　（b）山水画的对称化

图 3.1　弘仁的山水画《天都峰图》与其对称化结果的比较

自然界中完全对称的东西极少见，也许晶体是个例外。无论从宏观看还是从微观看，晶体都是严格对称的。它的美启发了人类在装饰艺术中应用对称性，例如中国的窗棂图案。

图 3.2 是一个中国窗棂的例子，图 3.2（a）有一个 2 重转动对称[①]，称为 $p2$；图 3.2（b）有一个 6 重转动对称 $p6$；图 3.2（c）有一个 4 重转动对称 $p4$，其中 p 表示元胞，数字 2、6、4 表示元胞具有 2、6、4 重转动对称。此外还有镜像对称，用 m 表示。

---

① 我们说一个系统具有 n 重转动对称，是指此系统在绕某个轴转动 $\frac{360°}{n}$ 下是不变的，用 pn 表示。

图 3.2 （a）中国的窗棂

图 3.2（b）

图 3.2（c）

特别有趣的是图 3.2（c）的窗棂，其 4 重转动中心位于与垂线和水平线成 45° 角的十字交叉点上，镜像反射是相对于不通过转动对称中心的垂线与水平线。

关键是该图案中有两个古老的符号，一个是中文古"万"字，是福气的意思；一个是古希腊的 Gammadion，它是由四个希腊字母 Γ 组成的，早期基督教徒因为罗马严禁的缘故，不能用十字架象征耶稣及其教义，便用古希腊的 Gammadion 来代替，所以后人也称 Gammadion 为希腊十字架（见图 3.3）。

然而，在 20 世纪，这一圣洁的符号却被纳粹玷污了，犹太人一看到这个符号就很紧张。其实，他们不知道，当然希特勒也不知道，在犹太教的《圣经》中就有这个符号。这两个符号都具有 4 重转动对称，但其本身都没有镜像对称性。

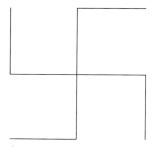

（a）古希腊的 Gammadion

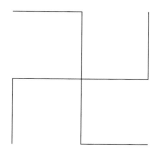

（b）中国的古"万"字

图 3.3 古希腊和中国的两个古老符号

二维的格点对称模式一共有 17 种，这是 1924 年波利亚（George Polya）证明的：

平行四边形：$p1$，$p2$；

矩形：$p1m$，$p1g$，$p2mm$，$p2mg$，$p2gg$；

菱形：c1m，c2mm；

正方形：$p4$，$p4mm$，$p4gm$；

六边形：$p3$，$p3m1$，$p31m$，$p6$，$p6mm$；

其中，第一位的字母 p 表示元胞，菱形用 c 表示是由于历史的原因；第二位的数字表示该元胞具有 1、2、3、4 或 6 重转动对称；第三和第四位上，m 表示镜像对称，g 表示滑移反射对称。

虽然，波利亚的证明到 20 世纪才确立，但是，人们从经验上一定很早就知道这些对称模式。事实上，在西班牙，14 世纪建的 Alhambra 宫内的建筑装饰中就包含所有这 17 种对称模式。研究一下中国传统的窗棂图案是否也已包含所有这 17 种对称模式，是一件很有趣的事。很有可能，中国古代的工匠也早已从经验中知道这一科学结论。

标度对称性
SCALE SYMMETRY

简单的数学公式可以算出海螺的形状、浪花的绽放。

4

自然界中另一个重要的对称性是标度对称性。在科学中，很多复杂结构遵从非常简单的数学公式。这里，让我们以海螺的形状为例来说明。

　　1917 年，汤姆森（D'Arcy Thompson）发现，海螺的螺旋结构可以用简单的数学公式来描写，这就是角度 ϕ 与半径 r 的对数成线性关系（如图 4.1 所示）：$r=1.3^{\phi}\sin\theta$。我们称这类关系为标度定律，我们只要知道结构的一小部分，就能从标度关系预言整体的结构。

　　湍流是另一个满足标度定律的重要例子。让我们来看日本古代画家葛饰北斋（Katsushika Hokusai，1760-1849）的一幅名画（如图4.2所示），在浪花中不断重复着相同的结构。

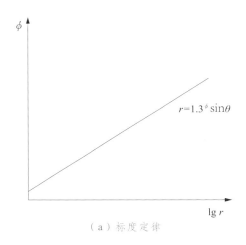

$r=1.3^{\phi}\sin\theta$

（a）标度定律

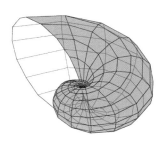

（b）海螺外形　　　　　　（c）按（a）由计算机画出的图形

图 4.1　标度定律与海螺结构

图 4.2　神奈川冲浪里　［日］葛饰北斋

湍流谱的公式是由 Kolmogorov（1941 年），Onsager（1945 年）和 von Weizäscker（1948 年）先后证明的，下面是一个将他们的推理简化的证明：

假定从波数 k 到 $k+\mathrm{d}k$ 传递的能量 $E(k)$ 只与 k 和维持此湍流的能量输入速率 ε 有关，而和流体的黏滞系数与湍流的其他细节无关：$E(k) \propto \varepsilon^{2/3} k^{-5/3}$。

我现在用量纲分析方法来证明这个公式：因为 $E(k)$ 只与 k 和 ε 有关，$\varepsilon = \mathrm{d}v^2/\mathrm{d}t$ 为单位质量的能量输入速率，而从这些量的量纲看，速度 v 的量纲是 $[v] = \mathrm{L}/\mathrm{T}$，其他量的量纲：$[\varepsilon] = \mathrm{L}^2/\mathrm{T}^3$，$[k] = 1/\mathrm{L}$，$[E(k)] = \mathrm{L}^3/\mathrm{T}^2$，所以 $E(k) = \mathrm{constant}\, \varepsilon^{2/3} k^{-5/3}$。

如果你仔细去分析葛饰北斋的画，就会发现，在浪花中确实有相同结构的不断重复，其在数学描述中的表现就是在指数上有分数；类似这样在指数上有分数的规律在自然界是很普遍的，称为分形（fractal）。

镜像对称
MIRROR SYMMETRY

长期以来，人们把自然规律应该在镜像反射下是对称的
（左右对称）看成一条天经地义的原理。

她文杰的菜羹基尢煤杂妇

风然分朋露薰窒，

薇薇分市千四四民。

襄露菜罩分謙瘩，

愁号分直欹上若。

这把她难住了好半天，但是最后她闪出了一个聪明的念头："哦，这是镜子里的书呀！只要我把它对着镜子，这些字就会恢复原样了。"

——摘自［英］路易斯·卡罗尔《爱丽丝镜中奇遇记》

物理学家与爱丽丝一样知道左与右的区别。但是，他们还相信这个区别并不是绝对的。如果你从镜子里去看，那么右就变成左，左就变成右了。如果镜中世界是不同的，我们怎么能够确信我们的世界实际上不是另一镜中世界的镜像呢？长期以来，人们把自然规律应该在镜像反射下是对称的（左右对称）看成一条天经地义的原理；也就是说，镜中世界也是一个可能的真实世界。

在日常生活中，左与右是有明显区别的。比如，我们的心脏通常不在右边。在英语中，right（右）这个词还有"对"的意思；在拉丁语中，sinister（邪恶）的词根意思是"左"；在意大利语中，"左"就是 sinistra。在英语中，人们说右左（right-left）；而在汉语中常说左右。按传统习惯，左在右前面。然而，这种日常生活中的不对称性，应归结于外界环境的偶然的不对称，或初始条件的不对称。在 1956 年底发现左右对称破坏（宇称不守恒）以前，认为自然规律在左 - 右变换下理所当然是对称的。

我们来考虑一个简单例子。设有两辆汽车，除了一辆是另一辆的镜像之外，造得完全一模一样（如图5.1所示）。汽车b的司机坐在左前方座位上，油门踏板在他的右脚附近；而汽车d的司机则坐在右前方座位上，油门踏板在他的左脚附近。现在，我们假定两辆汽车灌满了同样多的汽油，这种汽油无杂质并且是左右对称的。假定汽车b的司机顺时针方向开动点火钥匙，把汽车发动起来，并用右脚踩油门踏板，使得汽车以一定速度，比如每小时40千米，向前驶去。汽车d的司机做完全一样的动作，只是左右交换一下；也就是说，他逆时针方向开动点火钥匙，用左脚踩油门踏板，同时，使踏板倾斜程度与b保持相同。现在我们问：汽车d将如何运动呢？你们可以试着猜一猜。

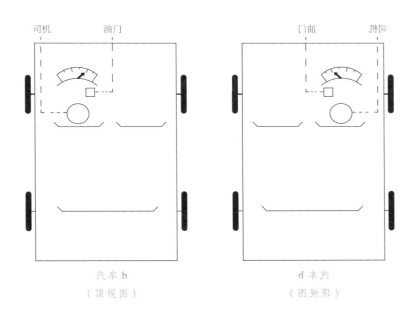

司机   油门   门邮   机同

汽车 b   d 车汽

（顶视图）   （图视顶）

图 5.1　两辆除互为镜像外造得完全一样的汽车

从常识角度看来，你们大概会认为，两辆汽车将以完全一样的速度向前行驶。如果那样的话，你们就和1956年以前的物理学家一样了。那时人们认为，如果两种装置，其中一个是另一个的镜像，除此之外，完全一样，那么除了这一左、右差别外，在所有其他方面这两个装置将有完全相同的行动。换句话说，尽管左与右是有区别的，但是除了这个区别外，应该再没有其他差别了。因此，我们把哪一个称作"右"，哪一个称作"左"，完全是相对的。这就是物理学中的左－右对称原理。

令人吃惊的是，正是这一点，后来被发现是不真实的。在1956年，吴健雄和她的同事们研究了极化钴核Co^{60}到电子的衰变。因为这些核是极化的，它们的转动方向是互相平行的。实验由两套装置组成，这两套装置完全相同，只不过初始核的转动方向相反，也就是说，这两套装置是互为镜像的。然而，实验家们发现，这两套装置得到的末态电子分布图案并不是互为镜像的。简单说来，初态是互为镜像的，但末态位形不是互为镜像的（见图5.2）。

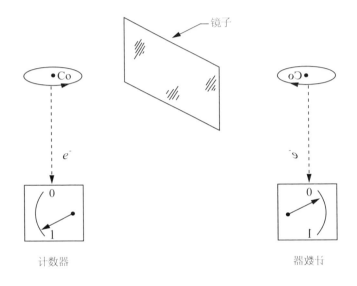

两套实验装置初态是互为镜像的，但末态不是互为镜像的

图 5.2　吴健雄等证实宇称不守恒的实验

现在再回到两辆汽车的例子。在原则上可以用 β 衰变源作为汽车点火装置的一部分。进而造出两辆互为镜像的汽车，尽管这也许不经济，但这是可行的。然而，它们却可用完全不同的方式行驶；汽车 b 以一定速度向前行驶，而汽车 d 以完全不同的速度行驶，甚至可能向后倒退。这就是发现左－右不对称或宇称不守恒的实质。

对称的世界是美妙的，而世界的丰富多彩又常常在于它不那么对称。有时，对称性的某种破坏，哪怕是微小的破坏，也会带来某种美妙的结果。中国画家常沙娜和吴冠中的两幅画（见图 5.3 和图 5.4），体现了"似对称而又不对称"的美妙。

宇称守恒定律的否定，正是由于发现了基本粒子在其弱相互作用中有不对称的变化。

1994 年，我在西安博物馆看到，汉代竹简上将"右"写为"𠂇"，颇受启发，有感而书：

汉代𠂇系镜中左，

近日反而写为右；

左右两字不对称，

宇称守恒也不准。

"水边铁花两三枝，似对称而不对称"

图 5.3 常沙娜的画

图 5.4 吴冠中的画 "对称乎，未必，且看柳与影"

对称性和不可观测量

SYMMETRY AND
UNMEASURABLE QUANTITY

所有的对称原理，均源于某些基本量是"不可观测量"；
只要某个不可观测量变成可观测量，那就有对称性的破坏。

这里，让我们暂停下来，作某些抽象的思考。当我们说左－右对称时，其含义是不可能观测到左与右之间的绝对差别（人们自然知道"左与右"是不同的）。换句话说，假如能够找到它们之间的绝对差别，那么，我们就有左－右对称的破坏，或左－右不对称了。

事实上，所有的对称原理，均基于下述假设：某些基本量是不可能观察到的。这些量将被称为"不可观测量"；反之，只要某个不可观测量变成可观测量，那么，我们就有对称性的破坏。这将是贯穿本书的主题。

为了帮助读者理解这一点，我再来举一个例子。考虑两个物体之间的互相作用能 V（比如地球与太阳，分别标号为 1 和 2)。请想象，任意选取好一个参考点 O。相对于 O 点，地球与太阳的位置可分别用矢量 r_1 和 r_2 表示。每个矢量用一个距离和一个方向来标记[①]。如图 6.1 中的实线所示。

现在我们假设，任何物体的绝对位置是不可观测的。当然，任何两个物体的相对位置是可以测量的。结果，它们的相互作用能 V 应该只与它们的相对位置有关，或者，等价地，V 应当与参考点 O 无关。由于 V 与 O 无关，假如，我们把参考点从 O 点移到 O'（相差一个距离矢量，比如说 Δ），V 必须保持不变。但在此过程中，1 和 2 相对参考点的位置矢量在图 6.1 中由实线变成了虚线：

$$r_1 \rightarrow r_1 - \Delta \qquad r_2 \rightarrow r_2 - \Delta \qquad (6.1)$$

———————————

① 以前没接触过矢量的读者可能会发现，这个符号是简洁有用的。比如，有人说"天津与北京之间的距离是 x 千米"，这个 x 只是一个数（因为没指定方向）。但是，如果有人说"天津在北京以东 x 千米"。那么，与数 x 相联系的还有一个方向，它们合起来组成一个矢量 x，黑体表示的是矢量。

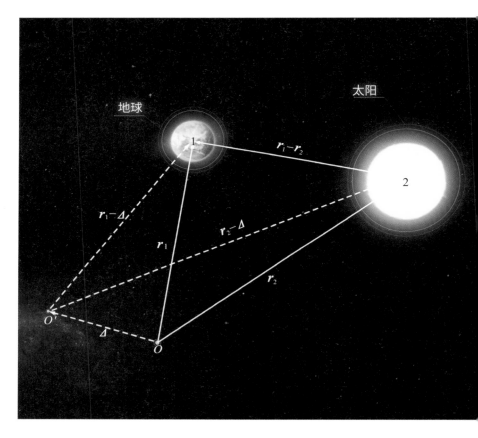

图 6.1 参考点从 O 平移到 O' 并不改变 1 与 2 之间的距离

而 V（是不变的）必定只与 $r_1 - r_2$ 有关，它是 1 相对于 2 的相对位置（当我们从 O 移到 O' 时，它保持不变）：

$$V = V (r_1 - r_2) \qquad (6.2)$$

请再想象，让地球的位置移动一个小量。作用于地球上的力正比于相应的能量变化率。这个推理也同样可应用于太阳，让太阳移动一个小量。现在我们让太阳和地球一起移动同一小量。很明显，这不会改变其相对位置 $r_1 - r_2$，由方程（6.2）看到，能量 V 也不会改变。由于整个系统的能量不变，总的力必定是零；也就是说，作用于地球上的力抵消了作用于太阳上的力。这样，我们就由"绝对位置"是不可观测的这一简单假设推导出牛顿第三定律（即：对每一个作用力都有一个大小相等、方向相反的反作用力）。

而且，因为任何系统动量的变化率等于作用于该系统上的总力，所以，总力为零就意味着总动量是守恒的（不变的）。这样，动量守恒定律也可由绝对位置是不可观测的这一基本假设推导出来。

如果回顾一下我们前面的推理过程，就会发现其中有三个逻辑步骤：

1. 物理假设：绝对位置是不可观测的；
2. 相互作用能 V 在由方程（6.1）表示的联合数学变换下是不变的；
3. 动量守恒定律的物理结论。

反过来，我们可用动量守恒定律来检验绝对位置是否不可观测。用数学术语来说，方程（6.1）表示的变换称为空间平移。相互作用能 V 不变的性质常称为"不变性"（在此情形，称为 V 在空间平移变换下有不变性）。

完全类似地，我们假定"绝对时间"是不可观察的，于是物理规律在时间平移

$$t \longrightarrow t + \tau$$

下必定是对称的（不变的），而这又导致能量守恒律（这是因为当时间 t 增加一个任意小量 τ 时，总能量不变；因

而，总能量必定为一与时间无关的常量）。由假定空间的"绝对方向"的不可观测性，我们可以导出转动不变性，并得到角动量守恒律［此推导与我们推出空间平移下的动量守恒律的步骤完全相同；只需在方程（6.1）中把"空间中的位置"改成"角位置"。于是，空间平移变成角转动，动量守恒变成角动量守恒］。

这个逻辑步骤可推广到物理学中用到的所有对称性原理，从相对论到量子理论。在我们对自然界进行理论分析时，这是一个极为有力的工具。从很简单的不可观测性假设出发，可以得到意义深远的普遍结论，而与所考虑的特殊系统的细致结构无关。在所有智慧的追求中，很难找到其他例子能够在深刻的普遍性和优美简洁性方面与对称性原理相比（进一步的细节在本书附录 A 中给出）。

不对称性与可观测量
ASYMMETRY AND
MEASURABLE QUANTITY

任何不对称性的发现必定意味着存在某种可观测量。

7

因为"不可观测"意味着对称性，所以，任何不对称性的发现必定意味着存在某种可观测量。前面我们在讨论镜像对称时已提到过，吴健雄和她的同事们的实验还确定了电荷正负号之间的不对称性。与此相联系，有人可能会问：通过这些对称性破缺现象究竟发现了什么"可观测量"呢？我们知道，日常生活中的电荷符号只是一种约定。例如，我们说电子带负电，只是因为我们凑巧称质子带的电荷为正电荷；反过来也是对的。但是，现在随着不对称性的发现，是否有可能对电荷的符号下一个绝对定义呢？我们能否找到在正、负电荷之间，或者在左、右之间的绝对差别呢？

为了说明这个问题，我举个例子。设想有两个高度发达的文明世界 A 和 B，如图 7.1 所示。这两个文明世界空

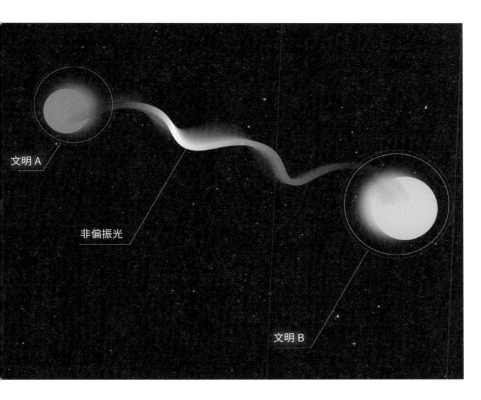

文明 A

非偏振光

文明 B

图 7.1 两个假想的文明世界 A 与 B

间上是完全隔离开的；尽管如此，他们决定建立通信，但只能用电荷中性的、非极化的信号（例如，非偏振光）来传达信息。经过若干年这样的通信之后，这两个文明世界可能决定增进接触。既然他们是高度发达的，他们自然会认识到，他们之间必须首先对下列两项条款达成协议：（1）电荷符号；（2）"左、右螺旋"的定义。

为了确定文明世界 A 中的质子在文明世界 B 中到底对应于质子还是反质子，第一条协议是重要的。只有当 A 中的质子与 B 中的质子一样时，才可能有更密切的联系。如果这两个文明世界决定更进一步联系，比如交换机械，那么右手螺旋的定义就很重要了。在他们相互进行贸易之前，他们应该对螺旋的定义达成协议（读者可能会问，为什么文明世界 A 不能把一只"手"径直送到文明世界 B 那儿去呢？但这是不允许的，因为如果 A 是由物质组成的，而 B 是由反物质组成的话，这样一种直接交换会导致物质湮没。所以，即使不是太危险，也至少有点冒险的味道）。总而言之，我们关心的学术问题是，他们是否有可能只用电荷中性和非极化的信号来传递这两条消息。如果不是 30 多年前发现了对称性的破坏，这是不可能的。现在，假定这两个文明世界和我们一样高度发达，就有可能在原则上达成这两项协议。

首先，这两个文明世界应该建立高能物理实验室（我想，为了跟这两个文明世界打交道，恐怕读者不得不和一些高能物理术语打交道了）。它们可以产生长寿命中性 K 介子 K_L^0，它不带电荷，没有任何一种电磁矩，也没有自旋，是球对称的，其质量大约为电子的 1000 倍。K_L^0 是不稳定粒子，可以衰变成一个电子 e^-，一个反中微子[①] $\bar{v}$ 和一个正 π 介子（π^+），也可以衰变成它们的反粒子，即一个正电子（e^+），一个中微子（v）和一个负 π 介子（π^-）。这两种不同的衰变方式可以用 e^+ 和 e^- 的磁偏转不同来区分。两个文明世界的物理学家会发现，虽然母粒子 K_L^0 是中性的，但这两种衰变的衰变率是不同的：

[①] 中微子 v 或其反粒子（反中微子 $\bar{v}$），是电中性并有自旋的，但是无质量[*]，因此它们永远以光速 c 运动，而且它们的能量等于 c 乘其动量。带电 π 介子是球对称且无自旋的，其质量为电子的 280 倍，带单位电荷（π^+ 带正电荷，π^- 带负电荷）。

[*] 编者注：中微子现被证实是有质量的。

$$\frac{(K_L^0 \rightarrow e^+ + \pi^- + \nu) \text{ 的衰变率}}{(K_L^0 \rightarrow e^- + \pi^+ + \bar{\nu}) \text{ 的衰变率}} = 1.00648 \pm 0.00035 \quad （7.1）$$

这确实非常有意义，因为这意味着，通过测量衰变率就可以把e^+与e^-区分开了。于是，符号相反的电荷之间有了绝对的差别。如果我们停下来想想这件事，就会感到十分惊讶，这真是太出人意料了，要知道，初始粒子K_L^0是完全电中性的。因此，我们自然假定不会对电荷的正号或负号有任何偏向的；然而，现在发现衰变到e^+竟然比衰变到e^-要快；所以，现在每个文明世界只需要考察较快的衰变方式，并将其末态电子e的电荷与该文明世界的"质子"电荷去比较，如果两个文明世界符号相同，那就意味着它们是由同样的物质组成的。

现在，我们来看第二项任务：右手螺旋的定义。这可以通过在上述K介子衰变中测量中微子或反中微子的自旋与动量方向来定义。中微子和反中微子都是有自旋（角动量）的。对于中微子，如果你用左手大拇指与其动量方向平行，那么，其余四个弯曲的手指总指向其自旋方向。因此，一个中微子的自旋和动量方向定义了一个左手螺旋。

而一个反中微子的自旋和动量方向则定义了一个右手螺旋。这个性质对于中微子和反中微子是永远成立的，与它们是如何产生的没有关系（见图 7.2）。

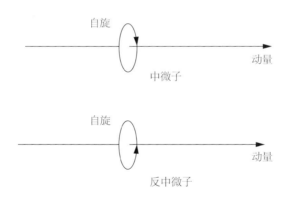

图 7.2 中微子的自旋和动量定义一个左手螺旋，而反中微子的自旋和动量定义一个右手螺旋

现在，回到两个文明世界的问题。我们看到，通过测量 K_L^0 粒子两种衰变的衰变率及由中微子定义的螺旋性，这两个文明世界确实能够通过中性、非极化的方式，对正负号电荷和左右手螺旋给出一种绝对的定义。

我们能够对电荷符号给出一个绝对的定义这件事本身意味着，自然界对电荷符号是不对称的。用物理学家的术语，这称为"电荷共轭对称破坏"或 C 破坏。类似地，我们能够对右手螺旋给出一个绝对的定义这件事意味着，左与右是不对称的，或在镜像反射下不对称。这称为"宇称破坏"，或 P 破坏。电荷正负号交换用 C 表示，而左与右交换用 P 表示。

物理学家还证明，下面三个看上去似乎没有关系的对称操作之间存在一种紧密的联系：

C 电荷变号，

P 镜像反射，

T 时间反演。

我们已经讨论过，自然界在 C 或 P 下不是对称的。通

过对 *K* 介子衰变更加仔细的考察，我们发现，自然界在时间反演下也不是对称的（这一点我们将在下一节中进行讨论）。然而，我们知道，在这三个操作的联合操作下，自然界是严格对称的。换句话说，如果我们同时交换

$$粒\ \ 子 \iff 反粒子$$

$$左 \iff 右$$

$$过\ \ 去 \iff 未\ \ 来$$

那么，所有物理规律都是对称的，这称为 CPT 对称性。

CP破坏和时间反演
CP VIOLATION AND
TIME REVERSAL

CP 不守恒跟我们人类的存在、地球的存在有极大的关系。
可是，原因是什么，我们还并不知道。

科学家不光发现了左右不对称，而且还发现正反物质也不对称。反物质现在很热门，丁肇中正在做实验。中微子最近也很热门，日本人宣称他们发现中微子有质量，当然还没有最后确定。

　　如果你把中微子拿来，动量沿左手大拇指方向，则中微子的自旋永远是沿左手其他四指弯曲的方向，我们称之为左手的中微子。假如你在镜子里面看中微子的话，则是沿右手大拇指方向前进的中微子，且自旋方向应该沿右手其他四指弯曲的方向。可是，右手中微子是没有的，但反中微子是右手的。把粒子变成反粒子，中微子变成反中微子，然后左手变成右手，好像又对称起来了，这叫 CP 对称。C 是粒子变成反粒子，P 是左和右互变。

　　在理论上建议宇称不守恒的文章是我和杨振宁在 1956

年 12 月写的，发表是在 1957 年。同一年，我们还预言 CP 也是不守恒的，这个预言在 1964 年得到了实验验证。这个实验很简单，但设计思路却是挺新奇的。K_L^0 是一个自旋为零的电中性粒子，不仅它的总电荷为零，而且它里面没有电磁作用。它可以衰变到 $e^- + \pi^+ + \nu$，也可以衰变到 $e^+ + \pi^- + \bar{\nu}$，实验证实这两个衰变率有微小的差别，这是很稀奇的事情。

前面已经说过，通常我们说，电子的电荷是负的，为什么呢？因为质子的电荷是正的，要二者互相吸引才能生成原子。可质子的电荷为什么是正的呢？因为电子的电荷是负的。因此，电荷的正、负当然是不一样的，但它们只有相对的意义，没有办法能够绝对定义的。这个 CP 不守恒的实验就是说，初态 K_L^0 是完全电中性的，但在衰变后，它的终态是 CP 不对称的。测量它的衰变就可以把正负分开。这个差别不再是相对的，而是绝对的。这就是 CP 破坏。CP 破坏是非常重要的。因为宇宙大爆炸时正反物质与左右变换一起应该是对称的，可我们现在的宇宙中存在的主要是带正电的质子和带负电的电子。这就是说，我们之所以现在能存在，是因为 CP 不守恒。CP 不守恒跟我们人类的存在、地球的存在有极大的关系。可是，原因是什么，我们还并不知道。寻求 CP 对称破坏的来源是当代物理学研究的一个重大问题。很可能是因为真空是不对称的。

1956 年还有一个重要定理，就是 CPT 总是守恒的，所以，CP 不对称也表明时间反演不对称。这是很奇怪的。

时间反演对称 T 是说：任何运动的时间逆转过程也是一个可能的运动。有些人也许会认为这是荒谬的，因为我们大家都一天天在变老，而决不会越来越年轻。那么，物理学家怎么能期望自然规律会是时间反演对称的呢？

在这一点上，我们必须把小系统的演化与大系统的演化区别开来。这里我想举一个浅显的例子来说明解释一下微观可逆性与宏观可逆性的区别。

图 8.1（a）中每个圈表示一个飞机场，每个箭头表示一个航班。任何两个机场之间来回是可逆的，这是微观的可逆性，北京附近有一个承德市，它只有来往于北京之间的航班。从它出发首先只能到北京，然后从北京可以去上海再去东京、纽约……当然它也可以反过来飞回承德，这就是宏观的可逆性。但是如果我们把所有机场的标志都去掉［如图 8.1（b）所示］，那么一个从承德出发的人，第

一步仍然只能去北京，但由于北京机场可能去的地方很多，在标志去掉的情况下，他随便搭乘一架飞机，就可能去了上海，从上海可能去了东京，从东京又可能去了纽约，他回到承德的可能性就非常小了，因而，微观仍然是可逆的，但宏观是不可逆的。

由于微观的原子及各种粒子都是没有标志的，所以微观虽然是可逆的，但宏观是不可逆的。现在发现 CP 对称受到破坏，这说明微观也是不可逆的。

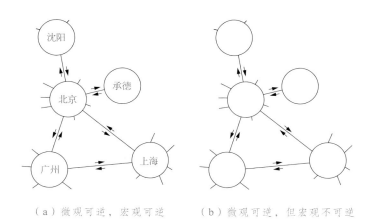

（a）微观可逆，宏观可逆　　（b）微观可逆，但宏观不可逆

图 8.1 "微观可逆，宏观也可逆"与"微观可逆，但宏观不可逆"

在物理学中，时间反演对称指的是所有分子、原子、原子核和亚核粒子反应中的微观可逆性。由于这些分子、原子、原子核和亚核粒子都不可能打上标志，所以，自然界中任何宏观系统都表现出不可逆性。这个结果与微观可逆性无关。在任何宏观过程中，我们必须对大量无标志的微观原子、分子等粒子进行平均（正如，无标志的机场和航班的情形一样），并且，由此引起在宏观上的不可逆性。正是在无序性（熵）增加的统计意义上，我们定义了宏观时间流动的方向。我们想起吉尔伯特和沙利文的轻歌剧《皮纳福号》中的台词：

永远不回吗？是的，永远不回！

永远不回吗？嗯，很难再回！

因此，宏观时间方向的存在并不解决时间反演对称或微观可逆性是否成立这一重要问题。自 1964 年 J.H. 克里斯特森等人发现 CP 破坏以后，通过一系列包含 K 介子的精彩实验，人们发现微观可逆性确实受到破坏。看来自然界并不尊重时间反演对称！

图 8.2 是米尔恩（A.A.Milne）为小孩写的一首诗，其中的图画是我画的。这首诗翻译成中文就是：

　　　　没有人能告诉我，
　　　　没有人知道，
　　　　风从何处来，
　　　　风向何处去。
　　　　假如我放开
　　　　我放风筝的绳子，
　　　　它必将随风飘去
　　　　一昼和一夜。

　　　　当我再找着它，
　　　　无论在哪里，
　　　　我就会知道
　　　　风已经到过那个地方。
　　　　然后我就可以告诉别人
　　　　风去了哪里……
　　　　可是风从何处来
　　　　还是无人知。

Wind on the Hill

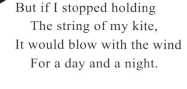

No one can tell me,
　Nobody konws,
Where the wind comes from,
　Where the wind goes.

But if I stopped holding
　The string of my kite,
It would blow with the wind
　For a day and a night.

And then when I found it,
　Wherever it blew,
I should know that the wind
　Had been going there too.

So then I could tell them
　Where the wind goes…
But where the wind comes from
　Nobody knows.

A. A. MILNE

图 8.2　米尔恩写给小朋友的诗（图是我自己画的）

在这首诗后面，我又加了四句：

If time-reversal were true,
Someone could know...
But since T does not hold,
I may never be told.

用中文来说，就是：

如果时间反演是对的，
也许有人会知道……
可是这个定律是错的，
也许永远没有人知道。

是自然规律不对称，还是世界不对称

IS THE NATURAL LAW ASYMMETRIC
OR THE WORLD ASYMMETRIC

一个不对称的规律意味着不对称的世界，反之则不然。

从某种意义上说，发现"对称性破坏"并不令人惊奇。正如我们已讨论过的，所有对称性原理均植根于"不可观测量"的理论假设上。这些"不可观测量"中，有一些可能确实是基本的，但有一些只是由于我们目前测量能力的限制。当我们的实验技术得到改进时，我们的观测范围自然要扩大。因而，完全有可能到某个时候，我们能够探测到某个假设的"不可观测量"，而这正是对称破坏的根源。然而，当确实发生这样的破坏时，一个更为深入的问题是，我们怎么能够确信这不是意味着世界不对称呢？是否有可能，自然界的基本规律仍然是对称的？

　　是自然规律不对称，还是世界不对称？这两种观点究竟有什么区别呢？通常我们接受的观念是，自然界的基本规律是永远不变的，而世界则显然是要不断变化的。这两种可能性有清楚的界线，尽管并不互相排斥。一个不对称的规律意味着不对称的世界，反之则不然。因为也许我们更习惯于一个有不对称的世界，所以，所有近来发现的对称性破坏与基本物理规律完全对称是否相容？提出这样一个问题至少是有意义的。

也许我们应该强调指出，在以上的讨论中，我们把所有这些不对称归结于物理规律的对称破坏。原因是所有这些不对称的反应（β 衰变、K 衰变等）都能够在真空中发生。每个衰变看上去只包含一个由很少几个粒子组成的孤立系统。这些不对称的实验是可以重复的，而且已经重复了几千次。它们的结果是完全可以预言的，而且，所得到的不对称性以很大精确性与我们已经知道的一组对称破坏的物理规律相一致。由于所有这些缘故，人们会奇怪，怎么可能有人会去思考相反的观点：**自然界的基本规律仍然保持是对称的**。要理解这样一种看上去似乎没道理的可能性，必须引进一些新的概念。我们现在要讨论的是一种通常（在物理文献中）称为"对称性自发破缺"机制的基础。在这种机制中，人们假设不对称的根源都在物理真空中。

真空作为一种物理介质
VACUUM AS
A PHYSICAL MEDIUM

真空是一种特殊的物理介质，
具有复杂的结构和特性，特别是能对对称性破坏产生巨大影响。

10

什么是真空？我们大家知道，比如地球有一个大气层，如果我们抽走所有的空气和物质，那么，所剩下的就是真空。但是，迄今为止，我们还没能力移走物理的相互作用，所以，真空可能是非常复杂的。我们将看到，在真空中可能不断发生粒子-反粒子对的虚产生和湮没。因此，真空类似一种物理介质。

在19世纪，为了理解电磁力和以后的电磁波如何在空间中传播的问题，曾经把真空看成一种称为"以太"（aether）的介质。一百多年前，著名英国物理学家法拉第在他的实验研究笔记3075中写道：

"就我个人的观点来讲，在考虑真空与磁力和磁铁外的磁现象一般性质的联系时，我更倾向于认为在力的传输中，有一种在磁铁外的作用，而不同意只是超距的吸引和排斥。这样一种作用可能是以太的功能。因为，如果存在以太，那么它除了传播辐射外，还很可能有其他用处。"[①]

然而，在那时因为牛顿力学是唯一有效的力学，人们认为以太应提供一个绝对静止参考系。只有在此参考系中才能测量光的真实速度；而在任何运动参考系中，光速会由于运动而改变。众所周知，这个观念被证明是错误的，并因而导致以太的抛弃和相对论的产生。

由于相对论要求的对称性，在任何运动的参考系中测量的光速都是相同的，而与观察者的速度无关。仅仅靠运动，一个观察者不可能改变光速（相对于他自己的），也不能使真空激发。然而，相对论不变性并不意味着一切；这并不意味着真空不复杂。设想我们能够拍一张真空的"相片"，如果曝光时间很长，那么真空可能显得很简单，

---

① Michael Faraday. Experimental Researches in Electricity. 3 Vols. London, 3:330−331.

图 10.1 曝光时间无限长的真空相片，所有涨落都抵消了

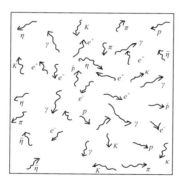

图 10.2 如果曝光时间很短，可看到所有涨落，真空显得很复杂

如图 10.1 所示。

尽管真空不包含任何物质，它仍包含所有的物理相互作用。因此，如果曝光时间足够短，能够捕捉住由于相互作用产生虚激发引起的涨落，真空就会像图 10.2 的样子。这些涨落在充分长的时间内会平均掉成为零，这就是为什么图 10.1 与图 10.2 如此不同的原因。既然真空是复杂的，那么，它有可能像任何物理介质一样，会出现不对称，就是可以理解的了。

按照我们现在的观点，物理真空具有以下性质：

（1）没有物质的态；

（2）但由于有相互作用，有能量涨落（虚物质）；

（3）有洛仑兹不变性；

（4）因此不是以太；

（5）有复杂的凝聚能够破坏对称；

（6）好像超导体，可以有相变。

尽管在物理真空中没有"物质"，但由于测不准原理，相互作用的存在必然在真空中引起能量涨落，因而使它成为一个复杂系统。洛仑兹不变性意味着真空在变换中像一个标量或赝标量场。与这些场类似，它可以有复杂的结构。

失去的对称性和对称性自发破缺

SYMMETRY LOST AND
SPONTANEOUS SYMMETRY BREAKING

为什么自然界要放弃完美的对称性呢？
这些失去的量子数是怎么回事？它们到哪里去了？

11

在"对称性和可观测量"一节中曾解释过，每个对称性产生一个守恒定律：左 – 右对称意味着宇称守恒，阿贝尔规范对称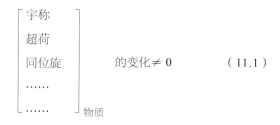①给出电荷或超荷守恒，非阿贝尔规范对称导致同位旋守恒。然而，假如我们把所有物质的这些假设是守恒的量（称为对称量子数），如宇称，超荷，同位旋……都加起来，我们发现这些数值是不断变化的，因而并不守恒：

$$\left.\begin{bmatrix} \text{宇称} \\ \text{超荷} \\ \text{同位旋} \\ \cdots\cdots \\ \cdots\cdots \end{bmatrix}\right._{\text{物质}} \text{的变化} \neq 0 \qquad (11.1)$$

————————————

① 定义见附录 A。

从美学上看，这可能显得不合理。为什么自然界要放弃完美的对称性呢？物理上，这也显得很神秘。这些失去的量子数是怎么回事？它们到哪里去了？在前面提到过的对称性自发破缺机制中，我们假设物质本身并不构成封闭系统。我们还假设，如果把真空也包括进来，对称性就可以恢复。换句话说，方程（11.1）应变成：

$$
\left.\begin{array}{l}
\text{宇称} \\
\text{超荷} \\
\text{同位旋} \\
\cdots\cdots \\
\cdots\cdots
\end{array}\right\}_{\text{物质}+\text{真空}} \text{的变化}=0 \qquad (11.2)
$$

作为一种记账手段，这样写总是可以的。然而，除非我们对于真空与物质的联系有其他了解，我们怎么能够判定这个观念是正确的，而不是一种同义反复呢？

这个情形有点类似于交退休金引起每月总工资的减少，我们怎么知道这个减少确实是由于交退休金引起的呢？十有八九这些钱是不可能全部拿回来的。然而，假如到退休时没拿回任何钱，那就要怀疑计算的可靠性了。对于失去的对称性，情形是一样的。我们总可以假设物质中失去的对称性总量跑到真空中去了。但是，关键的问题在于是否有可能改变真空，使得失去的对称性再回到物质中来。如果真空确实像一种物理介质，那么，一定可以通过改变其外部条件来改变其性质。这个途径可能导致关于对称性原理是否可以在方程（11.2）的意义上保持成立的决定性检验。

真空激发和相对论性重离子碰撞

VACUUM EXCITATION AND
RELATIVISTIC HEAVY ION COLLISION

改变真空的一个最有效方法是相对论性重离子碰撞。

12

因为真空渗透整个宇宙，要改变整个真空确实是不可能的（在人类能力的范围内）。然而，大多数基本粒子的范围只有 10^{-15} 米（飞米 femtometer，为原子核物理和粒子物理学中常用的长度单位，是为纪念著名物理学家恩里科·费米而命名的。）如果我们能够在比 1 飞米大得多的线度区域内，通过注入高能量而使真空激发，那么，就这个范围内粒子的物理性质而言，几乎就如同整个真空被改变一样。产生这种变化的一个最有效方法是用相对论性重离子碰撞。我们利用一个事实，即一个典型的重离子核的直径大约为 10 飞米，通过把两束核，比如说金（Au）核，加速到很高能量，并让它们发生对头碰撞，我们可以使碰撞核加热，从而改变真空的性质。经受改变的真空本身在短时间内表现为一个"气泡"；有时甚至在参与碰撞的核相互远离以后，"气泡"还可以存在一个短暂时间。于是，在原则上我们可以在一个不同的真空中检验物理规律，从而验证我们的一些理论概念。

世界上目前最大的加速器是美国布鲁海文国家实验室的相对论性重离子对撞机（RHIC）。* 这台耗资约 10 亿美元的加速器已于 1999 年 10 月 4 日建成。图 12.1 是这台加速器的全景照片。它使两个加速到每核子 1000 亿电子伏的金离子对撞（每一个金离子的总能量约为 20 万亿电子伏），在如此高的能量下，两个金核中的物质相互穿过，而将所带的相当一部分能量留下，从而使真空激发。

---

* 编者注：2021 年，世界上目前最大的加速器是 2008 年首次试运行的欧洲核子研究中心的大型强子对撞机（LHC）。

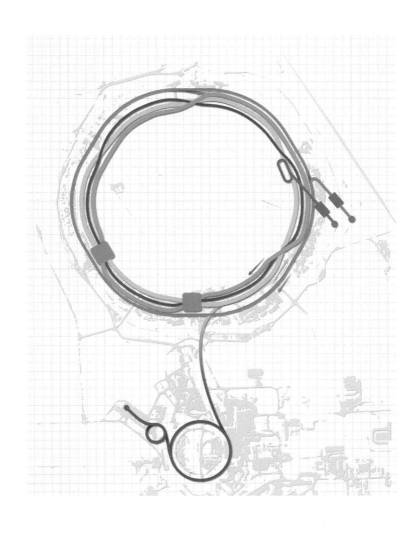

图 12.1 1999 年 10 月 4 日在美国布鲁海文建造完成的
相对论性重离子对撞机（RHIC）

碰撞之前，在两个高速飞行的金核之间是通常的真空（［见图 12.2（a）］。碰撞之后，这两个核所带的物质几乎仍沿原来方向运动，但留下所带能量的相当大的一部分。因此，在两个迅速背向飞离的原子核之间的区域，有很短的一段时间内没有物质（与通常的真空一样），却被激发了［如图 12.2（b）所示］。这种激发的真空，与宇宙产生的最初瞬间，即一二百亿年前"大爆炸"时的情况相似。

通过相对论性重离子碰撞，一方面，我们可以研究两核聚变可能产生的新形态的物质；另一方面，使我们有可能考察背景真空在碰撞核通过以后的性质。这些实验都很不容易做。但是如果发现真空确实如同一种物理介质，并且如果我们确实可以用物理手段改变真空的性质，那么，微观世界就通过真空与宏观世界建立起紧密的联系。也许，通过揭示真空的性质，可以使我们发现远比我们迄今为止已知的更为令人激动的结果。

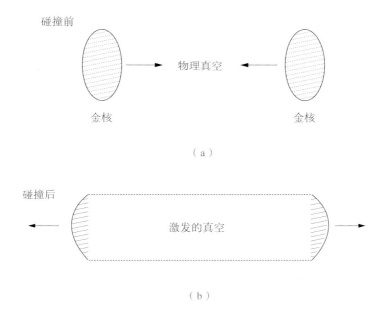

物理真空

金核　　　　　　　　　　　　金核

（a）

碰撞后

激发的真空

（b）

图 12.2　相对论性重离子对撞前后的真空

图 12.3　李可染的画：核子重如牛，对撞生新态

上海交通大学李政道图书馆收藏

　　为了称颂人类已有可能通过相对论性重离子碰撞来探索宇宙的起源和真空的复杂性，中国画家李可染画了一幅题为《核子重如牛，对撞生新态》的画（见图 12.3）。这幅画是表现静态与动态相辅相成的又一杰作。画中，两牛抵角相峙，似乎完全是一种静态；然而，这相峙之态却又明显地蕴含着巨大的能量，大有演变成激烈角斗之势。

基本粒子
ELEMENTARY PARTICLE

中国古代甲骨文中，
留有人类历史上最早的新星爆发的观测记录。

13

"粒子物理"的起源是与物理世界是由较小的单元组成的假设紧密联系的。这些小单元称为"粒子"。在物理学的整个发展历史中,后来都发现这些单元的大多数本身是由更小的单元组成的。因此,无论是对于"基本粒子"这个术语,或是对于"粒子物理"这门学科,都不可能有一成不变的含义。

　　在古代中国文明中,认为世界是由如下五种元素组成的:

　　　　　金
　　　　　木
　　　　　水
　　　　　火
　　　　　土

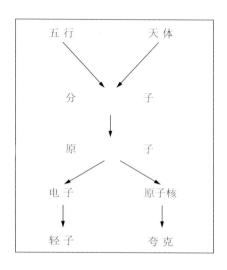

图 13.1 粒子物理在几个世纪的演化

因此，古代中国的粒子物理学家可以是任何对这五种元素感兴趣的学者。这些元素起着双重作用；它们同时还用来表示行星：

金星（金）——金属，

木星（木）——有机物，

水星（水）——液体，

火星（火）——气体，

还有地球（土），是不必解释的。

物理学、天文学与宇宙学之间的纽带是有老传统的。

中国古代天文学有很多重要的发现。近世出土的中国古代甲骨文中，留有世界上第一次发现新星的观测记录。新星是一种爆发变星，它本来很暗，通常不易看见，爆发后的亮度却可在几天内突然增强几万倍，使人误以为是一颗"新星"，故得此误称并沿用至今。

在一片于公元前 13 世纪的某一天刻写的甲骨文上，记载着位于心宿二附近的一次新星爆发（见图 13.2），其中"新大星"的"新"字中，包含一个箭头，指向一个很奇怪的方向。在另一片几天后刻写的甲骨文上，又记载着这颗星的亮度已经明显下降。新星爆发是因核的合成而发生的。在一颗恒星的整个演化过程中，可以数次变成新星；而变成超新星，却只有一次机会，那就是它"死亡"的时刻。超新星爆发是一种比新星爆发猛烈得多的天文事件，爆发时的亮度高达太阳亮度的百亿倍。它意味着这颗恒星的最后崩塌，或是变成星云遗迹，或是变成白矮星、中子星或黑洞。

超新星是罕见的天象，中国在宋代就有关于超新星爆发过程最早的完整记载。而且《宋史》中对其亮度变化的

图 13.2　记载公元前 13 世纪一次新星爆发的一片甲骨文是人类历史上最早的新星观测记录（为了读者方便，图上加了一个方框，方框内为"新大星"三字）

详细记载与现代天文知识完全相符。

中国古代天文观测的成就与中国古代天文仪器的发展是分不开的。

在商代出土的工艺品中有很多玉璧、玉琮和璇玑。按中国的传统，玉璧代表天，玉琮代表地。《周礼》中就有"以苍璧礼天，以黄琮礼地"的说法。玉璧和玉琮，形状精美悦目，都是绝妙的艺术品，其实它还是古老的天文仪器。我们的祖先早已发现天空中的星星是绕着一个固定轴转动的，这个轴与半天球的交点决定了天空中的一个固定点（称为"正极"）。我推测玉璧和玉琮就是一种用来确定天空中固定点（"正极"）的仪器。

璇玑是商代和商以前时期工艺品中的又一个谜。按西汉文献记载，璇玑是一种"径八尺，圆周二丈五尺"的圆盘，是"王者正天文之器"。自汉朝以来，绝大多数学者都认为它是浑天仪的前身。

图 13.3 的（a）、（b）、（c）分别为商代的玉璧、璇玑和玉琮，而（d）是我设计复原的"璇玑仪"，圆盘上的三个槽分别对准三颗星，我推测很可能是大熊座的 η 星，以及天龙座的 η 星和 λ 星。通过圆盘转动来跟踪这三颗星，

（a）玉璧

（b）璇玑

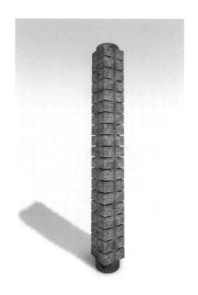

（c）玉琮

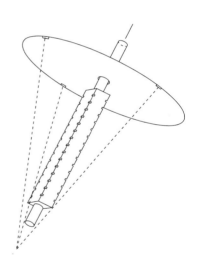

（d）"璇玑仪"的复原

图 13.3 玉璧、璇玑、玉琮和"璇玑仪"的复原

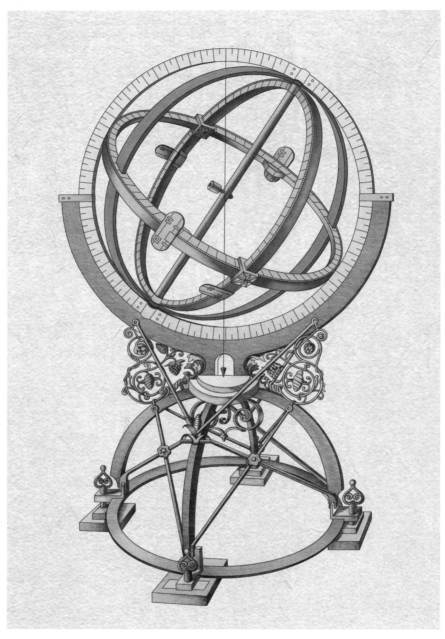

（a）Tycho Brahe 的浑天仪（公元 1598 年）

（b）张衡的浑天仪（公元 125 年）

图 13.4 浑天仪

从而从柱筒的中心孔找到天空中的固定点。

如果这个固定点附近恰好有一颗星，就很便于定位了。现在我们知道这颗星是北极星，但在古代，天龙座的 α 星几乎与正极相重。

到汉朝，张衡制造出更科学的浑天仪（公元 125 年），可以用来精确确定星的位置。而欧洲人制造的浑天仪则是公元 1598 年的事情，晚了 1473 年！由图 13.4 可见，二者是极为相似的。

随着天文学的进步，逐步地，看来似乎合理的是把星球看成整个宇宙的基本单元。于是，天体的研究成为"粒子物理"的主要部分。事实上，这正是伽利略和牛顿所做的事情。由于他们的工作，才有我们的今天。在 19 世纪，基本单元经历着更多的变化，后来演化为分子和原子。再后来，原子又分解为更小的单元：电子和原子核，而最后分解为今天的轻子和夸克。

加速器
ACCELERATOR

物理学的基础是实验。
实验必须有合适的实验仪器和手段。

14

我们知道，物理学的基础是实验。没有实验，物理学就退化为哲学的猜测。现代粒子物理的主要仪器是加速器。加速器有两种基本形式：圆形的和直线形的。两种都重要，也都相当费钱。然而，没有这样合适的仪器，就无法做高能物理实验。在这里，简单回顾一下物理学所用仪器的历史也许是有趣的。

任何成功实验的基础是合适的设备。这在物理学一开始就是对的。请看图 14.1，如果阿基米德没有这个绝妙的圆仪器（他的澡盆），他是很难得出他的著名原理来的。

图 14.1　16 世纪关于阿基米德的木刻

古时候，直线形仪器也同样起着重要作用。图 14.2 是伽利略用过的望远镜的照片。没有这件绝妙的直线形工具，伽利略也不可能做他那个时代的一些"粒子"物理实验。而如果没有那些实验，也就肯定没有今天的粒子物理。

　　然而，当基本单元从天体进化到分子和原子，然后到电子和原子核时，它们的尺寸迅速减小。而另一方面，物理学家所用的仪器却变得越来越大。如我们从布鲁海文的 RHIC 计划的尺寸已经看到的，这确实是相当值得注意的。

图 14.2　伽利略用过的望远镜

这里我想应该提到中国建成的一个高能加速器，即北京正负电子对撞机（BEPC）。图 14.3 为它的一个示意图。它使两个强束流相对加速，一束是电子流，另一束是正电子（电子的反粒子）流，在达到每个粒子 22 亿电子伏（10^8 eV）能量时发生对撞，由此产生许多新的粒子激发态。BEPC 的一个特别重要的实验成果，是在 1992 年精确测定了 τ 子的质量。这一结果肯定了普适性原理存在于所有的基本粒子（包括强子和轻子两类）之中，每类粒子有三代。这些粒子是构造宇宙中所有物质的基本单元。对于 τ 子质量的精确测定，被国际物理学界视为当年粒子物理的最重要成果。

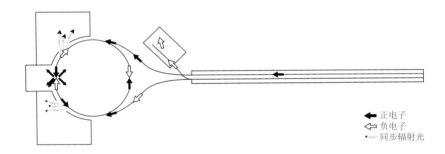

正电子
负电子
同步辐射光

图 14.3 北京正负电子对撞机（BEPC）的示意图

图 14.4 斯坦福直线加速器（SLAC）

图 14.4 为斯坦福直线加速器中心（SLAC）的照片。在照片顶部一条穿过高速公路的直线是 3.2 千米长的直线加速器，而围绕中心的弯曲虚线是新的斯坦福直线对撞机（SLC），它产生 50 GeV（1 GeV=10^9 eV）的电子与 50 GeV 的正电子的对撞。

图 14.5 费米实验室（Fermi Lab）

图 14.5 为位于芝加哥西面的费米实验室的半径为 1 千米的 TeV 回旋加速器（Tevatron），它能使 1 TeV（10^{12} eV）能量的质子与 1 TeV 的反质子发生对撞。

RHIC，SLC 和 Tevatron 是美国建成的粒子物理超级加速器类型的三个例子。在欧洲、日本和俄罗斯还有一些重要的超级加速器工程，如在日内瓦西欧中心（CERN）的 LEP，在德国汉堡 DESY 的 HERA，在日本高能所（KEK）的 TRISTAN 和苏联谢尔普诺夫的 UNK。

如果这些加速器的目的只是要探索亚核粒子占有的超小区域，那么为什么它们要做得这般巨大？原因是海森堡 1925 年提出的不确定性原理。这个原理是说，对任何实验，有一个固有的不等式：

$$\Delta p \cdot \Delta x \geqslant \frac{\hbar}{2}$$

其中 $\hbar$ 为普朗克常数除以 2π，Δx，Δp 是指在同一实验中，距离与动量的不确定。因此，要研究小距离（比如 Δx）范围的物理学，能量必须大于最小动量不确定 Δp 乘上光速 c：

$$E > \Delta p \cdot c \geqslant \frac{1}{2} \frac{\hbar c}{\Delta x}$$

比如，要研究电子的结构，那么，因为其大小① 为 10^{-13} 米左右，就要求能量必须大于 1 MeV（10^6 eV）。因为质子比电子小 1000 倍，所以，要研究质子的结构，能量必须大于 1 GeV，由于新发现的中间玻色子更小，大约为 10^{-18} 米，所以，中间玻色子物理就要求能量大约为 100 GeV 或更高，这正是 SLC 和 Tevatron 对撞机的能量范围。由于机器尺寸随能量一起增大，所以我们必须有越来越大的加速器。关于研究对象的尺寸与观测仪器的关系可以用图 14.6 来表示。

---

① 这里的"大小"指的是康普顿波长（以美物理学家 A. H. 康普顿命名）。

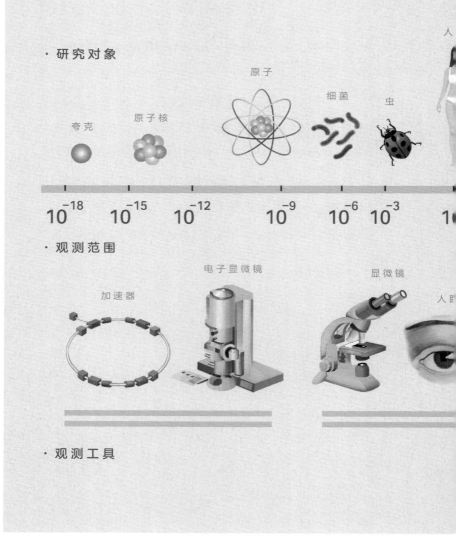

· 研究对象

夸克　　　原子核　　　原子　　　细菌　　　虫　　　人

10^{-18}　10^{-15}　10^{-12}　10^{-9}　10^{-6}　10^{-3}　10

· 观测范围

加速器　　　电子显微镜　　　显微镜　　　人眼

· 观测工具

图 14.6　研究对象尺寸与相应的观测仪器

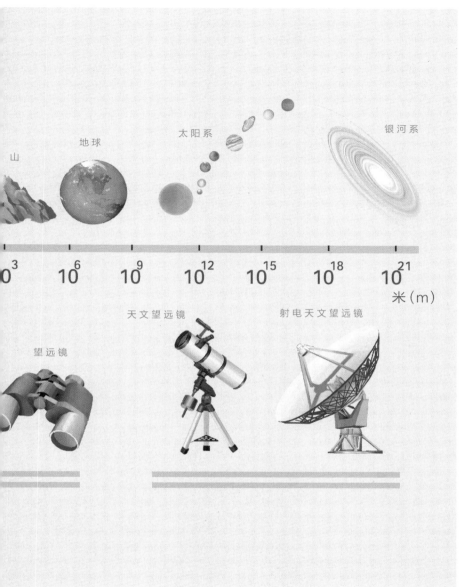

山　　地球　　太阳系　　银河系

10^3　10^6　10^9　10^{12}　10^{15}　10^{18}　10^{21}

米（m）

天文望远镜　　射电天文望远镜

望远镜

物理学的发现和物理学家的定律
THE DISCOVERY OF PHYSICS AND
THE LAWS OF PHYSICISTS

没有实验物理学家，理论物理学家就要漂浮不定。
没有理论物理学家，实验物理学家就会犹豫不决。

15

每当提出一种新加速器计划时，总要请理论物理学家，像高级牧师一样去为耗费如此巨大的冒险辩护和祝福。因此，让我们来追踪一下理论物理学家过去的足迹，看看在实验结果出来以前他们的预言究竟如何。

图 15.1 列出了 40 多年来粒子物理的几乎全部主要的发现。有趣的是，除了反核子（$\bar{p}$ 和 $\bar{n}$）与中间玻色子（$W^{\pm}$ 和 Z^0）以外，这些重大发现中没有一个是原来提出建造相应加速器的理由。

让我们从图 15.1 中的第一个发现出发。当欧斯特·劳伦斯制造出他的 4.67 米直径的回旋加速器时，以为能量是在 π 介子产生阈

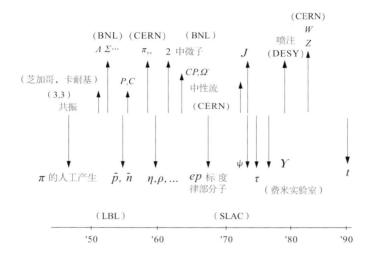

每条线指明一个主要成就，其位置给出大致的时间，每个箭头指向一个发现的名字及做出这一发现的实验室，从左到右有：劳伦斯·伯克利实验室（LBL）在1947—1948年人工产生π介子；芝加哥大学和卡耐基理工学院（现在的卡耐基—梅隆大学）在1953年发现（3，3）共振；BNL在1953—1954年研究Λ、Σ和其他粒子的动力学；1955年在LBL发现反质子和反中子；1956—1957年发现P和C破坏（在哥伦比亚大学和其他研究所）；1958年在CERN发现$\pi \rightarrow ev$，等等。

图15.1　粒子物理的主要发现

能以下的。因此，在加速器运转后，尽管 π 介子大量产生出来，长时间也没有人注意到，π 介子最后是偶然发现的，而这成了那台回旋加速器作出的最重要贡献。

粒子物理的进展是与共振态 ① 的发现紧密联系的，其中第一个是在芝加哥回旋加速器首先产生的（3,3）共振（图 15.1 中的第二项）。但是，甚至伟大的恩里科·费米，在他提出建造这台机器时，也完全没有想到这一点。在这项没有预料到的发现以后几乎一年时间内，费米一直怀疑，这是不是真的共振态。关于下一项重大发现也可以讲讲类似的故事。当高能同步稳相加速器 Cosmotron 在布鲁海文建造时，有些领头的理论家认为，高能物理最重要的问题是如何理解质子—质子碰撞的角分布一直到几百 MeV 时，仍保持神秘的平坦，尽管在这个能量区，碰撞的动力学是相当复杂的。很多不同能级（ s , p , d , f , g , … ）都包括进来了。为什么它们会齐心协力造出一个平坦的角分布来呢？但是，后来发现，当能量增加时，质子—质子碰

① 在粒子物理中共振态是一个固定能级。这个词是从音叉来的，因为音叉只能以一定频率振动（共振），类似于粒子从一个能级到另一个能级发出的辐射。

撞的角分布不再是平坦的，而且变得没什么可引起兴趣的了。把 Cosmotron 放到这张图上的却是奇异粒子 Σ，Λ……的产生与衰变动力学。

我们还可以继续列举下去，同样的局面在整个图中不断地重复。这导致我的**物理学家第一定律** [①]：

> 没有实验物理学家，
>
> 理论物理学家就要漂浮不定。

我们没有理由相信这一点会有变化，也不能对我们现在的理论物理学家关于未来的预言期望过高。

从图 15.1 中你会注意到，单位时间内重大发现的密度是相当均匀的，平均大约为每两年一次。我们希望这一恒定发现速率的长期纪录能够继续保持下去。要达到这一目标，我们必须有好的实验。

现在，再来看我的**物理学家第二定律**：

----

① 要理解物理学家的定律，你完全不必知道任何物理学定律。

没有理论物理学家，

实验物理学家就会犹豫不决。

　　一个例子是寻找弱作用中的"中性流"。当 1960 年提出高能中微子实验时，有人曾建议也许这是发现中性流[①] 的一个手段。1962 年发现两种中微子以后，相当大的实验力量投入于寻找这一中性流。然而，在那时对中性流的数量缺乏理论指导。一年以后，在 1963 年，对中性流与带电流的中微子事例数之比确定了一个上限（锡耶纳会议文集）：

$$\frac{中性流事例数}{带电流事例数} < 3 \times 10^{-2} \qquad （1963 年）$$

　　然而，过了 11 年到 1974 年，在 S.温伯格等人作出的理论进展以后，进行了新的实验。测出这同一比值要比原来大得多：

[①] 在典型的弱作用中，中子可以 β 衰变成质子（给出一个电子和一个反中微子）。反过来，中微子可以把中子变为质子加一个电子。由于中子与质子间有电荷交换，这种反应称为带电流过程。中性流指的是一种新型的弱作用：中微子与中子简单地碰撞而没有把它变成质子。

$$\frac{\text{中性流事例数}}{\text{带电流事例数}} < 0.42 \pm 0.08 \qquad (1974\ 年)$$

并与理论模型符合得很好。这两个实验结果产生如此大分歧的原因再也没有人解释过。

另外一个好的例子是 μ 衰变中的"密歇耳参量"的历史。在 μ 衰变

$$\mu \rightarrow e + v_{\mu} + \bar{v}_e$$

中，末态电子 e 的动量从零变到其最大值。电子分布可以用

$$x = \frac{\text{电子动量}}{\text{电子动量的最大值}}$$

作为变量来画出，并用熟知的密歇耳参量 ρ 来表征，ρ 可以是 0 与 1 之间的任何实数。它量度了电子分布在电子动量最大处（$x=1$）的高度，如图 15.2 所示。我们看到，不同的 ρ 值给出完全不同的电子分布曲线。

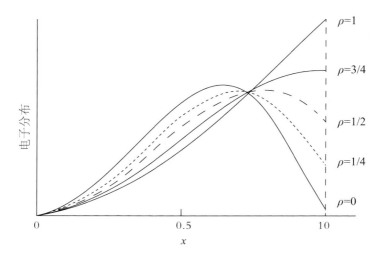

图 15.2 μ 衰变中电子能量的分布

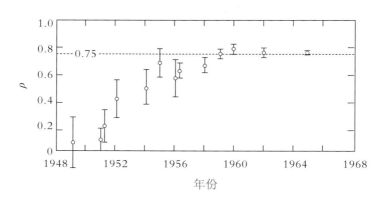

图 15.3 密歇耳参量 ρ 逐年的变化

自 1949 年后，有大量实验研究了密歇耳参量。所得到的值 ρ 随年代画出图来，如图 15.3 所示，历史上先是发现 ρ 接近于 0。然而，以后的实验得出不同的 ρ 值，逐渐向上漂移。直到 1957 年发现宇称不守恒以后，理论家能够作出精确的预言，$\rho=3/4$，实验值也开始收敛，最后在 60 年代与理论达到极好的符合。看看图 15.3，你一定会注意到一个令人惊奇的事实，即没有一次"新"的实验值落在上次实验误差范围以外。

我希望用这些例子已经可以解释物理学家的这两条定律，并表明理论与实验的相互依赖性。

目前状态
CURRENT STATUS

自然界存在三类相互作用：强作用、电弱作用和引力作用。

16

过去 30 多年间 ① 理论物理学家与实验物理学家的紧密合作使我们达到了目前的状态，对目前的这个状态，我们在表 16.1 中作了总结。有三大类相互作用：强作用、电弱作用与引力作用。强作用描述形成质子、中子并将它们组合成各种原子核的力，基本的构造物是夸克。我们认为夸克有三个家庭，每一家庭由两个成员组成。它们是：

上（u），　　下（d），

粲（c），　　奇（s），

顶（t），　　底（b）。

<hr>

① 指 1960 年至 1999 年。

表 16.1　粒子物理的目前状态

相互作用	参加粒子	传播者	理论
强	夸克 u,d c,s t,d	胶子	量子色动力学 （QCD）
电弱	夸克（见上面） 轻子 $e,\quad v_e$ $\mu,\quad v_\mu$ $\tau,\quad v_\tau$	光子 中间玻色子 $W^\pm, Z^0$	$SU(2) \times U(1)$ 规范理论（标准 模型） （包含量子电 动力学 QED）
引力	一切	引力子	广义相对论

我们熟悉的质子和中子等都是由三个夸克组成的，而大多数介子则由夸克—反夸克对组成。强作用由胶子来传递，描述强作用的理论称为量子色动力学。

电磁作用与弱作用现在已经统一成为一类，称为电弱作用。参加电弱作用的粒子有夸克和轻子。轻子也有三个家庭，与夸克一样，每个家庭由两个成员组成。它们是

电子（ e ）， e 中微子（ v_e ），

μ 子（ μ ）， μ 中微子（ v_μ ），

τ 子（ τ ）， τ 中微子（ v_τ ）。

电弱作用由光子和最近发现的中间玻色子 $W^\pm$ 、 Z^0 来传递。描述电弱作用的理论称为 $SU(2) \times U(1)$ 规范理论，通常称为标准模型。标准模型的一个组成部分是量子电动力学，它是描述电磁作用的。

引力由引力子传递，参加引力作用的有一切东西，也包括引力子。描述引力作用的理论是大家接受的爱因斯坦的广义相对论。

考虑到在 30 年前，参加强作用的基本粒子有质子、中子、三种 π 介子、四种 K 介子、三种 ρ 介子、重子十重态（由十个不同的粒子组成）和许许多多其他粒子，现在确实是大大地简化了。给人印象更深的是，建立这些理论

的指导原则是极为简单的，几乎整个都是建立在前面讲过的对称性原理基础上的。

在讲完这些成就以后，也许有人会问："还有什么问题呢？"这个问题引出我的下一个论题。

两个疑难
TWO PROBLEMS

要解决这两个大难题：
失去的对称性和看不见的夸克，都必须求助于真空的动力学。

17

摆在我们面前的两个主要疑难是：（1）失去的对称性，（2）看不见的夸克。

我们曾讲过，对称性意味着守恒律。而我们关于相互作用的全部理论都建立在对称性假设的基础之上，作为其结果，应该存在大量的守恒定律。唯一麻烦的是，实验表明几乎所有这些守恒定律都受到破坏。这是第一个难题的实质，即失去的对称性，关于这一点前面已讨论过。如我在前面指出过的，这个困难可以通过引进新的因素——真空——来解决。不说所有物质的对称性被破坏，我们建议把物质与真空都考虑进去，于是整个的对称性就可以恢复了。

现在来讲第二个疑难：看不见的夸克。

现在认为，夸克和反夸克组成了所有强作用粒子：质子、中子、π 介子、K 介子等。一个 π 介子由夸克和反夸克对组成。因此，如果介子发生分裂，出来的应该是一个夸克和一个反夸克。在高能加速器中，分裂介子是很容易做到的，但是，奇怪的是出来的总也不是一个夸克和一个反夸克，而是更多的 π 介子和其他介子。

类似地，一个质子由三个夸克组成。在高能加速器中分裂质子也是不难的，但碰撞产物也总不是自由的夸克，而只是核子（质子和中子）、反核子、π 介子和其他介子。

这是很奇怪的。但是，也许我们可以用磁铁的类比来解释这个问题。一个磁铁有两个极：北极和南极。如果你把一块磁铁打碎成两小块，那么每一小块都变成有两个极的完整磁铁。通过分裂磁铁，你永远不可能找到一个单个的磁极（磁单极），如图 17.1 所示。按我们通常的描述，可以或者认为磁单极是一个假想物体（因此不可能看见）或者认为它是一个实际物体，但有非常重的质量，远远超出现在的能量范围（因此还没看到）。但是，在夸克情形，如我将要解释的，有很好的理由相信，物理上它们是真实的，**同时质量又很轻**，如果真的如此，那为什么我们从来看不到自由夸克呢？因此，这是一个真正的疑难。

事实上，夸克还有很多其他特殊性质。因为三个夸

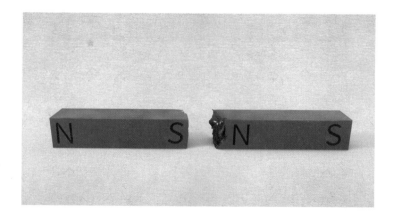

图 17.1 当打断磁铁时，只是产生更多的磁铁，
而绝不是自由磁极，所以不可能得到自由磁极

克组成一个质子，所以夸克的基本电荷是质子的 1/3。尽管没有任何人看到过自由夸克，但是夸克的电荷和质量都已经由实验确定。这些数值以及其他一些已知的性质在表 17.1 中给出。在讨论实验支持的证据以前，我们指出，第一行列出了夸克的质量。轻的夸克只有 5 或 10 MeV，这大约是质子质量的 1/200 或 1/100。第二行给出夸克的电荷，它们是质子的 −1/3 或 2/3。第三行告诉我们每种夸克有三个品种，通常说成是三种不同的"颜色"；也就是说，有三种不同的上夸克，三种不同的下夸克，等等。引入这个特征，理论上首先是由于泡利不相容原理，这个原理也来源于一种对称性，即交换对称性（见附录 A），泡利原理断言，两个全同的 1/2 自旋粒子（如核子、电子和中子）不可能放在同一轨道上 [①]。因为三个夸克组成一个半自旋的核子，夸克本身也必须是半自旋的（两个夸克自旋平行于核子自旋方向，另一个夸克自旋反平行）。因此，夸克也必须服从泡利不相容原理。为了把三个夸克放到同一轨道

① 泡利原理解释了为什么电子不会都待在一个最低能量的轨道上。如果那样，就不会有元素周期表，也不会有任何（正常的）稳定的物质。

从而组成一个核子（质子 p 或中子 n），同时不破坏泡利原理，人们假设每种夸克实际上还有三个不同品种。这个假设后来被实验证实。

表 17.1 中最后一行表示另一个有趣的性质。夸克间的相互作用强度，在 1 GeV 附近是强的，而在更高的能量变得很弱。如果这些性质确实是对的，那么，当一个核子在高能碰撞中被分裂开时，其组成物——夸克——应该会出来，因为它们质量小，而且相互作用强度也小。但是我们总也看不见自由夸克。这就是看不见夸克的疑难所在。

现在，我们来看看那些确定夸克这些奇异性质的实验。考虑高能电子——正电子（e^-e^+）的碰撞，碰撞有时产生一对 μ 子（$\mu^-\mu^+$），有时产生夸克——反夸克对（$q\bar{q}$）。已经知道这两种碰撞过程都是分成两步走的：

$$e^- + e^+ \rightarrow 虚光子 \qquad (17.1)$$

$$虚光子 \rightarrow \begin{cases} \mu^- + \mu^+ \\ \\ q + \bar{q} \rightarrow 各种强子 \end{cases} \qquad (17.2)$$

第一步，电子和正电子湮没为一个虚光子（γ）；第二步，

表 17.1　夸克的名字与性质

夸　　克	u	d	s	c	b	t
质　　量	~10 MeV	5 MeV	100 MeV	2 GeV	5 GeV	~180 GeV
电荷 Q_q	2/3	−1/3	−1/3	2/3	−1/3	2/3
颜色数	3	3	3	3	3	3
作用强度	在 ≈1 GeV 时强，但在能量趋于无穷大时变为0					

这个虚光子转变为 $\mu^-+\mu^+$ 或 $q+\bar{q}$，夸克—反夸克对又转变成各种强子（π 介子、K 介子，核子和反核子）。第一步的振幅与电子的电荷成正比，而第二步的振幅则与 μ 子的电荷或者夸克的电荷成正比。因为反应率为振幅的平方，所以对于方程（17.2）中两个反应的概率之比 R，我们有

$$R \equiv \frac{(e^-e^+ \rightarrow q\bar{q} \rightarrow \text{各种强子}) \text{的概率}}{e^-e^+ \rightarrow \mu^-\mu^+ \text{的概率}} = \Sigma Q_q^2 \qquad (17.3)$$

其中求和号 Σ 表示对可能产生的所有夸克对求和，而 Q_q 为

有关夸克的电荷（以μ子的电荷为单位，它正好与质子电荷相同）。

图 17.2 为方程（17.1）和（17.2）的两种反应的图形表示。比值 R 的实验结果以 e^-e^+ 碰撞质心系总能量 E_{CM} 为横坐标在图 17.3 中画出。我们看到，R 基本上是平的，只是在几个临界能量处有突然的跳跃。当 E_{CM} 在 4 GeV 以下时，R 大约为 2；而当 E_{CM} 在 4—10 GeV 时，R 跳到$3\frac{1}{3}$，然后又增加到$3\frac{2}{3}$。这可以作如下理解。

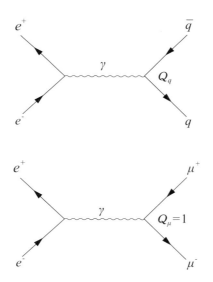

图 17.2　电子—正电子碰撞可产生 $q\bar{q}$ 对，或 $\mu^-\mu^+$ 对

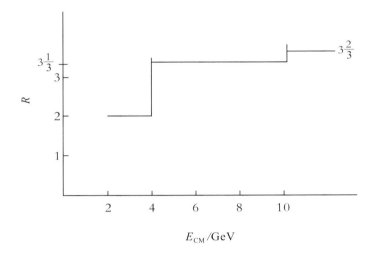

图 17.3 R 为 e^-e^+ 碰撞中强子产生率与 μ 子对产生率之比，E_{CM} 为质心系能量（GeV 为单位）

当 E_{CM} 小于 4 GeV 时，表 17.1 告诉我们，只能产生 $u\bar{u}$ 对，或 $d\bar{d}$ 对，或 $s\bar{s}$ 对；其电荷分别为 2/3 和 −1/3。每个反应都给出公式（17.3）中的求和贡献一项 Q_q^2。由此给出

$$3\times\left[\left(\frac{2}{3}\right)^2+\left(-\frac{1}{3}\right)^2+\left(-\frac{1}{3}\right)^2\right]=3\times\frac{6}{9}=2 \qquad (17.4)$$

其中第一个因子 3 是由于每一种夸克对 $u\bar{u}$、$d\bar{d}$ 和 $s\bar{s}$ 都有三个不同品种（颜色）。当总能量 E_{CM} 大于 c 夸克质量的两倍时，可以产生 $c\bar{c}$ 夸克对，这发生在 E_{CM} 大于 4 GeV 时 [①]。新反应道开始使 R 值增加

$$3\times\left(\frac{2}{3}\right)^2=1\frac{1}{3} \qquad (17.5)$$

从而，使 R 值从 2 增加到 $3\frac{1}{3}$。在此公式中，第一个因子 3 还是因为有三个品种，而第二个因子 $\left(\frac{2}{3}\right)^2$ 为 c 夸克电荷的平方。当 E_{CM} 大于 10 GeV 时，由于又有一种新反应（产生 $b\bar{b}$ 夸克对）开始，使 R 值又有一个跳跃，由此反过来可确定 b 夸克质量为 5 GeV（10 GeV 的一半），这一次使 R 值

---

① 要产生一个 $q\bar{q}$ 对，总的有效能量（质心能量 E_{CM}）必须比夸克和反夸克的组合质量更大，由表 17.1 看到，$u\bar{u}$、$d\bar{d}$ 和 $s\bar{s}$ 的组合质量分别大约为 20 MeV、10 MeV 和 200 MeV。因此，当 E_{CM} 小于 4 GeV（但大于 200 MeV）时，能够产生这些夸克—反夸克对，要产生 $c\bar{c}$ 对就要求 E_{CM} 在 4 GeV 以上。

只增加了 1/3，这可以由 b 夸克电荷的平方乘以品种因子 3 来得出：

$$3 \times \left(\frac{1}{3} \right)^2 = \frac{1}{3} \qquad (17.6)$$

这些实验确定了夸克的质量，电荷大小及三种颜色的存在。在公式（17.3）中，我们把夸克对产生概率与μ子产生概率相比较。只有当夸克对与μ子对有相似的作用类型时，这样做才有意义。然而，现在知道μ子只有弱作用和电磁作用。但是，至少在质子的结合能大约为 1 GeV时，夸克还有强相互作用。R值的实验明显表明，夸克间的相互作用必定在更高能量时变弱了。这个性质称为"渐近自由"。如果夸克质量不重，并且其表观作用强度在高能时是弱的，那么，我们在高能碰撞中怎么会看不到单个夸克呢？为什么我们不能使渐近自由的夸克自由呢？

要完全理解夸克这个非同寻常的性质，需要用到整个量子色动力学。而且，又必须把真空包括进去。用以解释看不到夸克的机制称为"夸克禁闭"，如图 17.4 所示。

夸克禁闭

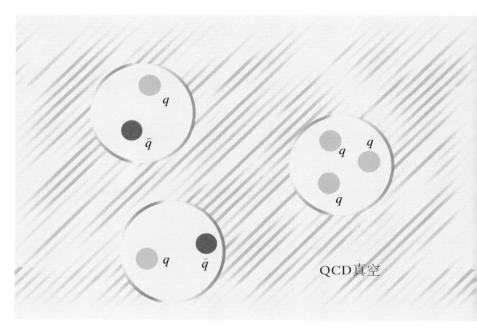

图 17.4 按量子色动力学（QCD），核子与介子嵌在真空中

在量子色动力学中把真空看成一种复杂介质。核子和介子看成在这种介质里的气泡（半径大约 1 飞米）。在每个气泡（称为"口袋"）内，对介子有一个夸克—反夸克对，对核子有三个夸克。由于真空对气泡的压力，夸克不可能出来，这就造成了"夸克禁闭"现象。而在气泡内部，夸克可以很自由地运动。夸克的动能与外面真空的压力平衡，使气泡不至于垮掉。

为了理解夸克禁闭与真空性质的关系，我们还可以将超导和夸克禁闭作一比较。超导体是一种完全抗磁体，磁场进不去；而夸克禁闭意味着色电场出不来。所以，只要把磁场 H 换成色电场 E，把超导体换成 QCD 的真空，内部换成外部，外部换成内部，那就把色场挤进袋内，这就导致夸克禁闭（见图 17.5），这一对比可用表 17.2 表示。

表 17.2　夸克禁闭与超导的对比

超导 作为完全抗磁体		QCD 真空 作为完全抗色电介质
H	$\longleftrightarrow$	E
$\mu_{内}=0$	$\longleftrightarrow$	$\kappa_{真空}=0$
$\mu_{真空}=1$	$\longleftrightarrow$	$\kappa_{内}=1$
内	$\longleftrightarrow$	外
外	$\longleftrightarrow$	内

那么，是否有可能更直接地检验这些概念呢？这里要借助于前面讨论过的相对论性重离子碰撞实验。比如说，如果能够使每核子 100 GeV 的铀和铀相碰，那就可以制造出一个包含 1428 个价夸克与各式各样夸克—反夸克对和胶子组成的海的高能混合体来。按照量子色动力学，这会产生大得多的气泡，其直径大约为 10 飞米。在此大气泡内部，每个夸克都好像是自由粒子。在这个意义上，我们能够把核物质激发成为夸克胶子等离子体，因此也改变了背景真空，从而对 QCD 的禁闭预言作进一步的检验。

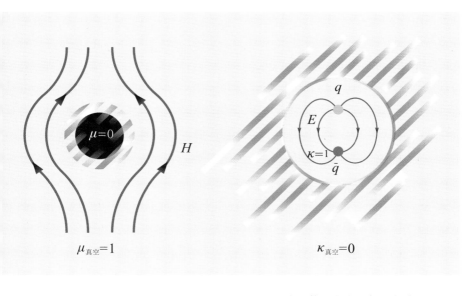

$\mu_{真空}=1$ $\kappa_{真空}=0$

超导体 = 完全抗磁体   QCD 真空等于完全抗色电介质

图 17.5 夸克禁闭与超导的对比

这使我们又回到第 12 节中的论题。我们看到，要解决这两个大难题：失去的对称性和看不见的夸克，都必须求助于真空的动力学。假如真空果真是粒子物理微观世界中这些奇异现象的根本原因，那么它对宇宙中能量和物质的宏观分布一定也会有重要的影响。因为真空是无所不在，又是永远存在的，宏观世界与微观世界这两者必定紧密联系在一起，不可能把其中任何一个看成分立的个体。

　　在考虑这些事情时，也许我们可以推论，如果一切东西都只是由粒子组成的话，那么我们的世界就只是一个粒子的世界。但是，我们生活在宏观环境中的大多数人完全不知道微观世界。尽管如此，微观世界是基本的，宏观世界只不过是它的表现。由于我们的感觉并不是最灵敏，我们常常忽略了这一点。反过来，如果这两者确实涉及的是同一个世界，我们物理学家怎么能够常常把微观世界看成一个由一些小基本粒子组成的小孤立世界呢？然而，这个观点却渗透到我们所有的物理实验和几乎所有的分析中。当然，这也一定只是一种近似；观察到的孤立的微观世界不可能完全符合真实。思考微观与宏观的统一是哲学，而把这种二重性定量化则是物理学的任务。

展望21世纪科学发展前景

PROSPECT FOR SCIENTIFIC DEVELOPMENT
IN THE 21ST CENTURY

物理学还将有重大的发展，正如老子所言：
道可道，非常道；名可名，非常名。

18

在 19 世纪末至 20 世纪初，物理科学中有两个相当重大的科学发现：一个是迈克尔逊－莫雷实验，它表明，光顺着地球转动和逆着地球转动的速度是完全一样的；另外一个是普朗克提出的黑体辐射实验，它表明，热的东西放光时，会有不同的波长，普朗克对波长的分布公式提出了一个猜想，这与实验符合得很好，这个问题用经典方法是无法解决的。

　　这两个发现，即光顺着地球转动与逆着地球转动的速度一样和热的东西发光的光谱，都很稀奇，当时它们同日常生活并没有什么关系。可是，从第一个发现产生了狭义相对论，从第二个发现产生了量子力学。

　　到 1925 年，对这两个重大科学领域完全了解了，并且由此发展了原子构造、分子构造、核能、激光、半导体、超导体、X 光、超级计算机等。假如没有狭义相对论和量子力学，这些都不会有。从 1925 年之后，几乎所有 20 世纪的物质文明都是从这两个物理基础科学的发展衍生的，而且现在还在继续更广泛地开发出新的科学及应用的领域。

关于 21 世纪的科学发展，我想对物理科学的前景谈点我个人的看法。我认为，物理科学的发展前景是很好的。为什么呢？因为目前的情况正像 20 世纪初出现的情况一样，也提出了两个科学疑难，就是本书前面谈到的对称性破坏和夸克禁闭。

我们现在认为，这两个疑难可能都来自真空。什么是真空？真空是没有物质的态，可它仍有作用，有作用就有能量的涨落。这能量的涨落是可以破坏对称的。为什么夸克走不出来呢？前面我们已经谈到过，这和超导类似。超导是抗磁场的，假如有一块材料没有变成超导前有磁场通过，一变成超导，磁场就被排出来了。假如有一个圆圈，里面有磁场，没变成超导前磁场可以任意进出，一旦变成超导，磁场就出不来了。我们认为，在真空的涨落中，很可能有磁单极子和反磁单极子，它们抗量子色动力学的场。真空是物理的相对论性的凝聚态，它虽然是没有物质的态，却是有作用的，也是可以激发的。

相对论性的重离子碰撞，用每核子 100 GeV 的高能量金核和金核相碰撞，金核相互穿过去，在两核中间产生了新的真空，这里面夸克就可以自由行动。如前所述，为了开展这方面的研究，布鲁海文建造的相对论性重离子对撞机（RHIC），已于 1999 年建成。如果实验证实真空是可以被激发的，那么粒子的微观世界和宏观的真空就结合起来了。这将是一个重要的新发展。

在宇宙中，有一种叫作类星体（quasar）的东西，我们不知道它是什么，它不是普通的星，它的能量来源我们不知道，每个类星体的能量可以是太阳的 10^{15} 倍，这是很大很大的。估计在宇宙里约有 100 万个类星体，其中有 1000 个我们在仔细研究。这个能量绝对不是核能量，太阳的能量来自核能量，类星体的能量比太阳的能量大得多。类星体是在 1961 年首先发现的，那年发现了两个。其中一个是 3C273，3C 是英国剑桥目录的第三本，273 是其中第 273 星。这个类星体在 1982 年 2 月，一天之内能量增加了一倍，这是非常稀奇的，不仅能量大，而且可以在一天之内增加一倍。这说明，在宇宙中还有很大能量的来源是我们不知道的。

另一个在宇宙中的大问题是暗物质。从引力我们知道有暗物质存在，可是用光看不见，用红外、紫外、X光也都看不见。宇宙里90%以上是暗物质。这些暗物质是什么我们不知道。所以，在宇宙中有90%以上的物质我们不知道，有极大的能量来源我们不知道。真空有可能被激发。我们研究这个问题的方法是想制造一个状态，它和当初宇宙开始大爆炸的情况相似。大爆炸开始就是一个激发的真空，制造出这个状态也许可以使我们能够测量出它的特性。

在大约100年前，汤姆逊发现了电子，从那以后影响了我们这世纪的物理思想，即大的是由小的组成的，小的是由更小的组成的，找到了最基本的粒子就知道最大的构造。这个思想不仅影响到物理，还影响到20世纪生物学的发展，要知道生命，就应研究它的基因，知道基因就可能会知道生命。现在我们发现事情并非如此简单。小的粒子，是在很广泛的真空里，而真空很复杂，是个凝聚态，是有构造的。也就是微观的粒子和宏观的真空是分不开的，这两个必须同时处理。知道了基本粒子就知道真空的观念是不对的。从这个简单化的观点出发就不会有暗物质，也不会有类星体这类东西。我觉得，基因组（genome）也是这样，仅是基因并不能解开生命之谜，生命是宏观的。

20 世纪的文明是追踪微观的（reductionism）。我认为，在 21 世纪，微观和宏观应结合成一体。例如造计算机，是不是越小的集成电路就越好呢？我们可以把集成电路越造越小，小到氢原子，可是我们对氢原子完全懂，这里不可能再有什么更多的信息。可能 21 世纪的计算机要的是较大的，是个凝聚态的单位，这里的信息才更多。20 世纪是越微小越好，我们觉得小的是操纵一切的，而我猜测，21 世纪将要把微观和宏观整体地联系起来（holism），这不仅会影响物理，也许会影响到生物学的发展。微观和宏观必须要结合起来，这个结合对应用科技也可能会有极大的影响。目前，微观和宏观的冲突已经非常尖锐，靠一个不能解决另一个，把它们联系起来一定会有一些突破。这个突破将会影响到科学的未来。

总之，据我看，21 世纪物理学还将有重大的发展：激发真空，制造像宇宙开始的状态，了解暗物质，了解类星体的能源，了解 CP 不对称的根源，微观和宏观物理的结合……20 世纪的科学文化发明在 19 世纪末是很难想象的！没有 20 世纪初基础科学的发展，20 世纪的科技应用和开发就没法产生出来。我相信，21 世纪物理学的这些重大问题的解决也同样会对 21 世纪的科技应用和开发产生重大的影响。

当然，精确预告未来是不可能的，粒子物理发展的历史曾经充满出乎意料的发现，它们转而导致了出乎意料的新方向，有很多例子显示这一点，这里面有物理学家的智慧，有时也会有错误。很可能，我们目前的了解也是暂时的，我们的基本概念和理论在 21 世纪中还会经受重大的改变。正如中国古代哲人老子所说：

被表达的原则不可能是绝对的原则，被命名的名字不可能是永恒的名字。

参考文献

REFERENCE

一般参考书

[1] Bernstein J.A Comprehensible World: On Modern Science and Its Origins. New York: Random House, 1967.

[2] Feinberg G. Solid Clues. New York: Simon and Schuster, 1985.

[3] Nambu Y. Quarks. Singapore: World Scientific Publishing Company, 1985.

[4] Pagels H. The Cosmic Code. New York: Simon and Schuster, 1982.

[5] Pais A. Inward Bound. New York: Oxford University Press, 1986.

[6] Zee A. Fearful Symmetry. New York: Macmillan Publishing Company, 1986.

[7] Lee T D. Symmetries, Asymmetries, and World of Particles. Washinton.

中译本：李政道著，朱允伦译.对称，不对称和粒子世界.北京：北京大学出版社，1992（简体版）.台北：台湾

学鼎出版社，1994（繁体本）

[8] Lee T D. Particle Physics and Introduction to Field Theory. Harwood Academic Publishers, 1981.

中译本：李政道著，汤据非，阮同泽，庆承瑞，朱重远译.粒子物理和场论.济南：山东科技出版社，1996

宇称不守恒

[1] Lee T D and Yang C N. Question of Parity conservation in Weak Interaction. Phys. Rev., 1956, 104: 254.

[2] Wu C S, Ambler E, and Hayward R W et al. Experimental Test of Parity Conservation in Beta decay. Phys. Rev., 1957, 105: 1413.

[3] Garwin R L, Lederman L M and Weinrich M. Observation of the Failure of Conservation of Parity and Charge conjugation in Muon Decays: The Magnetic Moment of the Free Muon. Phys. Rev., 1957, 105: 1415.

[4] Telegdi V L and Friedman A M. Nuclear Emulsion Evidence for Parity Nonconservation in the Decay Chain $\pi^+ - \mu^+ - e^+$. Phys. Rev., 1957, 105: 1681.

CP与T破坏

[1] Lee T D, Oehme R O and Yang C N. Remarks on Possible

Noninvariance under Time Reversal and charge Conjugation. Phys. Rev., 1957, 106: 340

[2] Christenson J H, Cronin J W, Fitch V L et al. Evidence for the 2π Decay of the K_2^0 Meson. Phys. Rev. Lett., 1964, 13: 138.

[3] Bennett S et al. Measurement of the Charge Asymmetry in the Decay $K_L^0 \rightarrow \pi^{\pm} + e^{\pm} + \nu$. Phys. Rev. Lett., 1967, 19: 993.

两分量中微子

[1] Lee T D and Yang C N . Parity Nonconservation and a Two—Component Theory of the Neutrino. Phys. Rev., 1957, 105: 1671.

[2] Landau L. On the Conservation Laws for Weak Interactions. Nucl. Phys., 1957, 3: 127.

[3] Salam A. On Parity Conservation and Neutrino Mass. Nuovo Cimento., 1957, 5: 299.

CPT定理

[1] Pauli W. Exclusion Principle, Lorentz Group and reflection of Space—time and Charge. In: Niels Bohr and the Development of Physics, ed. Pauli W, Rosrenfeld L and Weisskopf V, New York: McGraw—Hill, 1955.

自发对称破坏

[1] Nambu Y. Axial Vector Current Conservation in Weak Interactions. Phys. rev. Lett., 1960, 4: 380.

[2] Goldstone J. Field Theories with Superconductory Solutions. Nuovo Cimento, 1960, 19: 154.

[3] Higgs P W. Broken Symmetry, Massless Particles and Gauge Fields. Phys. Lett., 1964, 12: 132.

[4] Higgs P W. Broken Symmetry and the masses of Gauge Bosons. Phys. Lett., 1964, 13: 508.

[5] Higgs P W. Spontaneous symmetry Breakdown without Massless Bosons. Phys. Lett., 1966. 145: 1156.

真空激发

[1] Lee T D, Wick G C. Phys. Rev., 1974, D9: 2291.

中间玻色子

[1] Lee T D，Rosenbluth M and Yang C N. Interaction of Mesons with Nucleons and Light Particles. Phys. Rev. Lett., 1949, 75: 905.

[2] Weinberg S. A Model of Leptons. Phys. Rev. Lett., 1967, 19: 1264.

[3] Arnison G et al. Experimental Observation of Isolated Large Transverse Energy Electrons with Associated Missing Energy at $\sqrt{s}$ = 540 GeV. Phys. Lett., 1983, 122B: 103.

[4] Arnison G et al. Experimental Observation of Lepton Pairs of Invariant Mass around 95 GeV/c^2 at the GERN SPS Collider. Phys. Lett., 1983, 126B: 398.

[5] Banner M et al. Observation of Single Isolated Electron of High Transverse Momentum in Event with Missing Transverse Energy at the CERN $p\bar{p}$ Collider. Phys. Lett., 1983, 122B: 476.

[6] Bagnaia P et al. Evidence of $Z^0 \rightarrow e^+e^-$ at the CERN $p\bar{p}$ Collider. Phys. Lett., 1983, 129B: 130.

中性流

[1] Hasert F J et al. Search for Elastic Muon—Neutrino Electron Scattering. Phys. Lett., 1973, 46B: 121.

标准模型

[1] Weinberg S. A Model of Leptons. Phys. Lett., 1967, 19: 1264.

[2] Salam A. Weak and Electromagnetic Interactions. In: Proceedings of the Eighth Noble Symposium, ed. N. Svartholm, New York: Wiley—Interscience, 1968. 367.

[3] Glashow S L. Partial−Symmetries of Weak Interactions. Nucl. Phys., 1961, 22: 579.

[4] Salam A and Ward J C. Weak and Electromagnetic. Nuovo Cimento., 1959, 11: 568.

[5] Salam A and Ward J C. Electromagnetic and Weak Interactions. Phys. Lett., 1964, 13: 168.

密歇耳参量

[1] Michel L. Interaction between Four Half-Spin Particles and the Decay of the Mu Meson. Proc. Phys. Soc(London) , 1950, A63: 514.

夸克与颜色

[1] Zweig G. CERN report (unpublished)

[2] Gell−Mann M. A Schematic Model of Baryons and Mesons. Phys. Rev. Lett., 1964, 8: 214.

[3] Greenberg O W. Spin and Unitary-Spin Independence in a Paraquark Model of Baryons and Mesons. Phys. Rev. Lett., 1964, 13: 598.

J/ψ 和 c 夸克

[1] Aubert J J et al. Experimental Observation of a Heavy Particle J.

Phys. Rev. Lett., 1974, 33: 1404.

[2] Augustin J E et al. Discovery of a Narrow Resonance in e^+e^- Annihilation. Phys. Rev. Lett., 1974, 33: 1406.

γ和b夸克

[1] Herb S W et al. Observation of Dimuon Resonance at 9.5 GeV in 400 GeV Proton−Nucleus Collisions. Phys. Rev. Lett., 1977, 39: 252.

t夸克

[1] Abarchi S et al. Phys. Rev. Lett., 1995, 74: 2422.

[2] Abe F et al. Phys. Rev., 1994, D50: 2966.

v_e和v_μ

[1] Danby G, Gaillard J M, Goulianos K et al. Observation of High− Energy Neutrino Reaction and the Existence of Two Kinds of Neutrinos. Phys. Rev. Lett., 1962, 9: 36.

τ和 v_τ

[1] Perl M L et al. Evidence for Anomalous Lepton Production in e^+-e^- Annihilation. Phys. Rev. Lett., 1975, 35: 1489.

[2] Bai J Z. et al. The BES collaboration. Phys. Rev. Lett., 1992, 69: 3021.

非阿贝尔规范理论

[1] Yang C N and Mills F. Conservation of Isotopic Spin and Isotopic Gauge Invariance. Phys. Rev. , 1954, 96: 191.
[2] Klein O. On the Theory of Charged Fields. In: New Theories in Physics, International Institute of Intellectual Cooperation, League of Nations, 1938. 77.

量子色动力学和渐近自由

[1] Politzer H D. Reliable Perturbative Result for Strong Interactions. Phys. Rev. Lett., 1973, 30: 1346.
[2] Gross D and Wilczek F. Ultraviolet Behavior of Non−Abelian Gauge Theories. Phys. Rev. Lett., 1973, 30: 1343.
[3] G.’t Hooft, Talk at the Marseilles meeting, 1972(unpublished)

口袋模型

[1] Chodos A, Jaffe R J, Jonson K et al. New Extended Model of Hadrons. Phys. Rev., 1974, D9: 3471.

电子-正电子碰撞

[1] In: the Proceedings of the 1985 International ton and photon Interactions at High Energies, Kyoto: Kyoto University, 1986.

附录A：四组对称性
FOUR SETS OF SYMMETRIES

A

在物理学中有四组主要的对称性，或破缺的对称性：

1. 交换对称：满足玻色—爱因斯坦统计，或满足费米—狄拉克统计。

2. 连续时空变换，如平移、转动和加速。

3. 离散变换，如空间反射 P，时间反演 T，正反粒子共轭 C 和 G 宇称。

4. 规范变换，包括：

1）$U（1）$对称性——电荷、超荷、重子数和轻子数的守恒律；

2）$SU（2）$（同位旋）对称性；

3）$SU（3）$（色和味）对称性。

第一组是关于全同粒子的对称性（比如所有的电子都是全同的）。如果交换任何两个电子，物理世界必定保持相同。因此，这个对称性称为交换对称。对于光量子，这个对称性的后果是玻色和爱因斯坦阐明的，对于电子是费米和狄拉克阐明的。玻色和爱因斯坦的分析也适用于 π 介子、K 介子和引力子；而费米和狄拉克的分析则还适用于质子、中子、中微子和 μ 介子。由这个对称性还自然得出泡利不相容原理。

第二组与第三组对称性在本书正文中已经解释过了。

要描述第四组对称性——规范对称性，首先必须接受一个概念，即任何粒子集合的物理状态可以用一组复数的 ψ（称为波函数）来描述，其中每一个都既有大小又有相位。ψ 的大小总是可以观测的，因为它的平方是粒子的概率密度。ψ 相位的可观测性构成整个量子力学的基础。然而，规范对称性（与电相联系的）断言，不同电荷的两个状态之间的相位差永远不可能观测到。数学上，如果我们对 ψ 任意乘上一个相因子：

$$\psi \to \psi \, e^{iQ\theta}$$

（其中 Q 为电荷，θ 为一实数），物理世界应保持不变，这个对称的后果是电荷 Q 守恒。这个概念可以应用于其他相位，并导致超荷、重子数和轻子数的守恒，因为 $e^{iQ\theta}$ 为 1×1 的幺正矩阵，这个对称性被称为 $U(1)$ 对称性；为纪念挪威数学家 N.H. 阿贝尔（1802—1829），$U(1)$ 对称性也称为阿贝尔对称性。推广到 2×2 幺正矩阵，或 3×3 幺正矩阵，则分别导致 $SU(2)$ 或 $SU(3)$ 对称性，也称为非阿贝尔规范对称性。$SU(2)$ 对称性应用于质子和中子，给出同位旋守恒。$SU(3)$ 对称性应用于不同颜色的夸克，就构成量子色动力学的基础。

在这四组对称性中，前两组目前公认是严格的。在第三组中，只有 CPT 的乘积才可能是严格的，但每一个单独的离散对称运算，则是不严格的。在第四组中，只有 $U(1)$ 对称性和"色"方面的 $SU(3)$ 对称性，才被认为是严格的；这组对称性也称为幺正对称性，因为它们与数学中的幺正矩阵有紧密的联系。

同样的论题——不可观测量、在一定数学变换下的不变性和守恒定律——贯穿在每个对称性原理中。这些在表 A.1 中作了说明。

表 A.1 物理学中对称性的例子

不可观测量	数学变换	守恒律与选择定则
绝对位置	空间平移 $r \rightarrow r + \Delta$	动量
绝对时间	时间平移 $t \rightarrow t+\tau$	能量
空间绝对方向	转动 $r \rightarrow r'$	角动量
绝对左右	空间反射 $r \rightarrow -r$	宇称
电荷绝对符号	$e \rightarrow -e$	电荷共轭
时间绝对符号	$t \rightarrow -t$	时间反演
全同粒子的差别	交换	玻色或费米统计
不同电荷态之间的相对相位	规范变换 $\psi \rightarrow e^{iQ\theta}\psi$	电荷

附录B: 弱相互作用和宇称不守恒
WEAK INTERACTION AND PARITY NONCONSERVATION

1957 年 12 月 11 日在诺贝尔物理学奖授奖会上的演讲

在杨教授前面的讲话中已向诸位概述了在去年年底前我们对有关物理学中的各种对称原理的认识状况。从那以后，在短短的一年时间里，这些原理在各种物理过程中的真正作用极大地被澄清了。如此显著的迅速发展只有通过世界各国各个实验室的许多物理学家们的努力和智慧才得以实现。为了对这些新实验结果有一个适当的洞察和了解，或许可先就我们对基本粒子和它们的相互作用作一个非常简单的评述。

（一）

迄今我们所知道的基本粒子的家族有相当多的成员。

除了其他性质以外，每一个成员都以它的质量、电荷和自旋来表征。这些成员分成两大类："重粒子"类和"轻粒子"类。重粒子中为人熟知的成员有质子和中子；轻粒子中有光子和电子。除了重粒子比轻粒子重这一明显含义外，这种分类还源于下列所观察到的事实，即单个的重粒子不能蜕变为几个轻粒子，即使这样的蜕变是与电荷、能量动量和角动量守恒定律相容的。这个事实的一个更精确的表达是"重粒子数守恒"，这就是说，如果我们给每一个重粒子以一个重粒子数 +1，给每个反重粒子以重粒子数 −1，而每个轻粒子相应的数是 0，则在我们知道的所有过程中重粒子数的代数和是绝对守恒的。这个定律成立的最好证据是我们人类或我们星系没有蜕变为光辐射和其他轻粒子这一事实。

图 B.1 表明了所有已知的重粒子（和反重粒子）。除核子以外的所有重粒子称为超子，并用大写的希腊字母标记。实线表示从一般理论讨论预期存在的粒子。所有已知的重粒子具有半整数自旋。图 B.2 表明了所有已知的轻粒子。其中 $e^{\pm}$、$\mu^{\pm}$ 和 ν、$\bar{\nu}$ 具有半整数自旋，它们称为轻子。其余的，光子、π 介子和 K 介子，具有整数自旋。

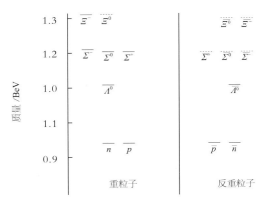

图 B.1

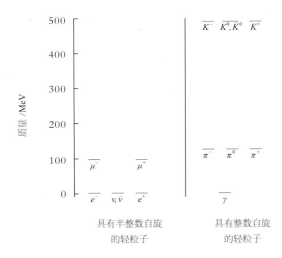

图 B.2

这些粒子间的相互作用（不包括引力）可分为三类：

1. 强相互作用。这类作用引起核子、π 介子、超子（即 Λ^0、Σ^- 等）和 K 介子的产生和散射。它以一个耦合常数 $f^2/(\hbar c) \approx 1$ 来表征。

2. 电磁相互作用。电磁耦合常数是 $e^2/(\hbar c)=1/137$。

3. 弱相互作用。这类作用包括所有这些基本粒子的非电磁衰变作用和最近观测到的核子吸收中微子的过程。这个相互作用以耦合常数 $g^2/(\hbar c) \approx 10^{-14}$ 表征。

宇称守恒定律对强相互作用和电磁相互作用都是成立的，但对弱相互作用不成立。今天主要讨论最近在各种弱过程中观测到的宇称不守恒效应。

（二）

弱相互作用包含了许多不同的反应。现在至少已知道20 种现象上独立的反应，从各种超子衰变到轻粒子的衰变。去年一年内，进行了许多严格的实验来检验宇称守恒在这些反应中是否成立。我们首先将总结一个实验结果及其直接的理论含义。然后，我们将讨论某些进一步可能的推论和理论的考虑。

1. β 衰变

第一个决定性地确定了宇称不守恒的实验是极化 Co^{60} 核的 β 角分布测量（图 B.3）。Co^{60} 核在极低温下被一个磁场极化。在这实验中产生极化磁场的螺线管中电流的环形方向与 β 射线发射的优先方向，确实以非常直接的方式表现出右手系统与左手系统的差异。于是，无需借助于任何理论就可确认宇称的不守恒，或者说在一个镜像反映下的非不变性。

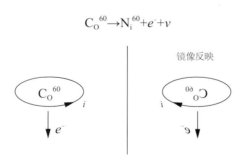

图 B.3

进一步从观测到的明显的角度不对称也可以确定 β 衰变相互作用在电荷共轭运算下不是不变的。这个结果不需要去进行十分困难的（事实上几乎不可能的）采用反 Co^{60} 的实验就可作出，是以在一般定域场论框架内的一定的理论推导为根据的。下面我们来简述这种推理。

让我们考虑一个 β 衰变过程

$$n \longrightarrow p + e^- + \nu \tag{B.1}$$

其中每一个粒子用一个量子波动方程描述。特别是中微子以如下狄拉克方程描写

$$\sum_{\mu=1}^{4} \gamma_\mu \frac{\partial}{\partial x_\mu} \psi_\nu = 0 \tag{B.2}$$

其中 γ_1、γ_2、γ_3、γ_4 是四个 4×4 反对易狄拉克矩阵，而 x_1、x_2、x_3、$x_4 = ict$ 是四个时空坐标。对每一个给定的动量，对中微子有两个自旋状态，对反中微子也有两个自旋状态，它们可以记为 ν_R、ν_L、$\bar{\nu}_R$、$\bar{\nu}_L$，如果我们定义螺旋度 H 为

$$H \equiv \sigma \cdot \hat{p} \qquad\qquad (B.3)$$

σ 是自旋算符，而 $\hat{p}$ 是沿动量方向的单位矢量，则这四个矢量的螺旋度分别等于 $+1$，-1，-1 和 $+1$（见图 B.4）。在数学上，这种状态的分解相应于用下式把 ψ_v 分为一个右手部分和一个左手部分

$$\psi_v = \psi_R + \psi_L \qquad\qquad (B.4)$$

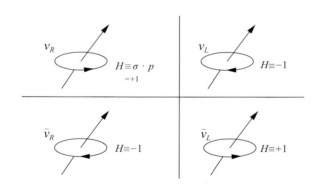

图 B.4

其中

$$\psi_R = \frac{1}{2}(1-\gamma_5)\psi_\nu \qquad\qquad (B.5)$$

$$\psi_L = \frac{1}{2}(1+\gamma_5)\psi_\nu \qquad\qquad (B.6)$$

与

$$\gamma_5 = \gamma_1\gamma_2\gamma_3\gamma_4$$

易见 ψ_R 和 ψ_L 都分别独立地满足狄拉克方程（方程 B.2）。按这种分解，原子核 A 的 β 衰变过程可以用图式表示为

$$A \to B + e^- + \begin{cases} C_i^R \nu_R & (H=+1) \qquad (B.7) \\ C_i^L \nu_L & (H=-1) \qquad (B.8) \end{cases}$$

C_i^R 和 C_i^L 分别是发射 ν_R 和 ν_L 的不同概率振幅。下标 i 表示这类辐射的各种可能的道。如果理论在固有洛仑兹变换下不变，则存在着五种这样的道：称为标量项 S，张量项 T，矢

量项V，赝标项P和轴矢项A。根据量子场论的一般规则，对应于一个粒子衰变的任一相互作用项就存在一个相应的表示一个反粒子衰变的厄米共轭项。于是，反原子核$\overline{A}$的衰变可以用图式表示为

$$\overline{A} \to \overline{B} + e^+ + \begin{cases} C_i^{R*}\, \bar{\nu}_R & (\text{H}=-1) & (\text{B.7}') \\ \\ C_i^{L*}\, \bar{\nu}_L & (\text{H}=+1) & (\text{B.8}') \end{cases}$$

C_i^{R*} 和 C_i^{L*} 分别是发射 C_i^{L*} 和 $\bar{\nu}_L$ 的相应振幅。在电荷共轭算符作用下我们把一个粒子变为它的反粒子，但不改变它的空间或自旋波函数。因此变换后必须有同样的螺旋度。这就是说，如果 β 衰变过程在电荷共轭算符下是不变的，我们就应该预期过程（B.7）与过程（B.8'）以同样的振幅进行，电荷共轭下不变的条件就是

$$C_i^{R} = C_i^{L*} \tag{B.9}$$

对所有的$i=S,T,V,P,A$都满足。

在 Co^{60} 衰变中，因为在 Co^{60} 和 Ni^{60} 之间自旋值有一个不同，只有 $i=T$ 和 $i=A$ 的项有贡献。从观测到的很大的角度不对称可以有把握地作出结论，对 $i=T,A$ 都有

$$|C_i^R| \neq |C_i^L|$$

这与方程（B.9）相抵触，因而证明了 β 相互作用在电荷共轭下不守恒。在上面讨论中为了说明问题，我们假设中微子用一个四分量理论描述，还进一步假定了在 β 衰变过程中只发射中微子。事实上，即使在设想中微子必须用一个八分量理论来描述，或假如除中微子外也能发射反中微子的情况下，上述有关电荷共轭下非不变性的结论也同样可以得到。

近来，在纵向极化电子和正电子、$\beta-\gamma$ 关联与 γ 辐射的圆极化，以及除 Co^{60} 核以外其他各种极化核的 β 角分布等各方面都做了许多实验。所有这些实验的结果都证实了第一个 Co^{60} 实验的主要结论，即在 β 过程中宇称算符和电荷共轭算符两者都是不守恒的。

另一个有兴趣的问题是 β 衰变相互作用是否在（电荷

共轭 × 镜像反映）的乘积算符下是不变的。这个算符下我们应该把 A 的衰变与带有相反螺旋态的 $\bar{\text{A}}$ 相比。这样，如果 β 衰变在这个（电荷共轭 × 镜像反映）的联合运算下不变，我们就应预期过程（B.7）与过程（B.7′）以同样的振幅进行，对（B.8）与（B.8′）也类似。相应的条件就是

$$C_i^R = C_i^{R*} \quad 与 \quad C_i^L = C_i^{L*} \qquad （B.10）$$

虽然现在已进行一些实验来检验这条件是否成立，但这些实验还未达到可以作结论的地步，因此我们还不知道这个重要问题的答案。

2. π-μ-e 衰变

π 介子衰变到一个 μ 介子和一个中微子。$\mu^{\pm}$ 介子又衰变到一个 $e^{\pm}$ 和两个中微子（或反中微子）。如果在 π 衰变中宇称不守恒，μ 介子的发射可能是纵极化的。如果随后发生的 μ 衰变宇称也是不守恒的，由这样一个静止的 μ 介子发射出来的电子（或正电子）在相对 μ 介子极化的朝前

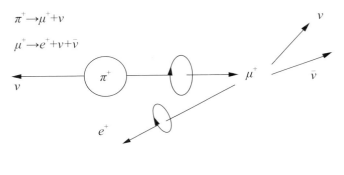

$$\pi^+ \rightarrow \mu^+ + \nu$$

$$\mu^+ \rightarrow e^+ + \nu + \bar{\nu}$$

图 B.5

和朝后的方向上会显示出角度的不对称（图 B.5），因此在
$\pi-\mu-e$ 衰变系列中我们可观测到，在 π 介子静止系中测量
的 $\mu^\pm$ 介子动量和在 $\mu^\pm$ 静止系中测量的 $e^\pm$ 的动量之间的
一个角度关联。如果这个角关联表现出前后不对称，则宇
称必定在 π 衰变和 μ 衰变中都不守恒。在 β 衰变结果的几
天之后出现的关于这种角关联的实验结果已为大家所知，
这些结果肯定地表明了在 π 衰变中与 μ 衰变中一样，不仅
宇称不守恒，电荷共轭算符也是不守恒的。

随后，对衰变中的正电子的纵极化的直接测量也对衰变给出了同样的结论。

3. $K-\mu-e$ 衰变

在这种情况下，代替 π 介子的是更重一点的 K 介子，它衰变到 μ 介子和一个中微子（见图 B.6）。关于从 K^+ 介子衰变出来的 μ^+ 动量和从 μ^+ 衰变出来的正电子动量之间的角关联实验，确认了在 K 衰变中宇称和电荷共轭算符也都是不守恒的。

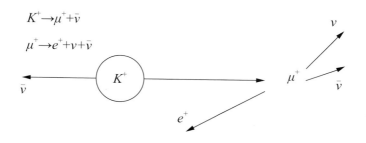

图 B.6

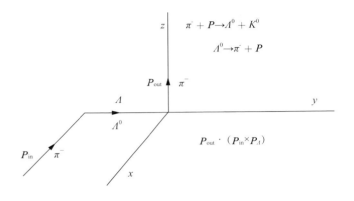

图 B.7

4. Λ^0 衰变

Λ^0 粒子可以通过一个高能 π^- 打击质子产生。接着 Λ^0 衰变为一个质子加一个 π（见图 B.7）。观测关于入射 π 动量 P_{in}，Λ 粒子动量 P_Λ 和衰变出的 π 介子动量 P_{out} 形成的一个乘积 $P_{out} \cdot (P_{in} \times P_\Lambda)$ 符号的一个不对称分布，将对这个衰变中宇称不守恒给出明确的证明。目前，关于这种反应的实验表明了在这类反应中确实存在一个 P_{out} 和 $(P_{in} \times P_\Lambda)$ 之间的角关联，而且，由很大的上一下不对称可以作出结论，Λ^0 衰变相互作用在电荷共轭运算下也不是不变的。

从所有这些结果看来，在各种弱相互作用中，宇称不守恒性和这些过程在电荷共轭下的非不变性都已确定无疑。与这种性质相关，我们发现了一个非常新而丰富的自然现象领域，它反过来给我们以进一步探测我们物理世界结构的一个新工具。这些反应给我们提供极化和分析各种基本粒子自旋的一个自然的方法。例如，对 μ 介子的磁矩，现在可以进行极高精确度的测量，否则是达不到这么高精度的；某些超子的自旋现在可能可以通过观测它们衰变中的角度不对称性来明确测定；各种气态、液态和固态物质电磁场的新样式现在可以用这些不稳定的极化粒子来研究。然而，最显著的结果或许是开辟了新的可能性和重新检验我们关于基本粒子结构的旧概念。我们下面将讨论这类考虑的两个方面——中微子的二分量理论和可能存在的一个轻子守恒定律。

（三）

在这宇称不守恒的最新发展以前，通常用一个四分量理论来描述中微子，如前所述，在这理论中对每一确定的动量有两个中微子自旋状态 v_R 和 v_L，加上两个反中微子的自旋状态 $\bar{v}_R$ 和 $\bar{v}_L$。然而在二分量理论中，我们假设这些状态中的两个，也就是 v_L 和 $\bar{v}_L$ 在自然界不能单独存在。于是中微子的自旋永远平行于它的动量，而反中微子的自旋永远反平行于它的动量。因此在二分量理论中，我们只有四分量理论中自由度的一半。我们可以把自旋和中微子的速度用一个右手螺旋运动来表示，而用一个左手螺旋运动表示反中微子（见图 B.8）。

一个自旋为 1/2 粒子的二分量相对论理论的可能性，H.Weyl 早在 1929 年就讨论过。但过去因为 Weyl 形式中的宇称是显然不守恒的，所以它总是被排斥。由于目前的发现，这样一个反对理由就完全不成立了。

为了体会在目前情况下这个二分量理论的简单性，最好是假设对轻子存在着一个新的守恒定律。这个定律与相应的重粒子守恒非常类似。我们赋予每一个轻子等于 +1

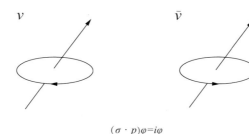

$$(\sigma \cdot p)\varphi = i\varphi$$

图 B.8

或 −1 的轻子数，而其他粒子轻子数为零。一个轻子的轻子数必须与它的反粒子的轻子数相反。则轻子数守恒表达为"在所有物理过程中轻子数的代数和必须守恒"。

如果我们假设这个定律成立，并且中微子以二分量理论描述，就能直接导出一些简单的结果。

1. 中微子和反中微子的质量必须为零。这对于物理质量，甚至包含所有相互作用的贡献都是对的。为明白这一点，让我们考虑一个以有限动量运动的中微子。从二分量理论可知这个中微子的自旋必须平行于它的动量。现在假设它有一个非零物理质量，则我们总可以让一个观察者沿着与中微子相同的方向运动，但速度比中微子快。以这个观察者的观点，这个"中微子"现在变为一个自旋沿着它的原先方向但动量相反的一个粒子，即变为一个"反中微子"。但由于轻子数不可能因洛仑兹变换而互相转换，因此中微子的物理质量必须为零。

2. 理论在宇称算符 P 下不是不变的，P 的定义是把所有空间坐标反向但不把一个粒子改变为它的反粒子。在这样一个运算下我们把一个粒子的动量反向而不改变自旋方向。因为在这个理论中对一个中微子动量和自旋方向总是平行，宇称算符 P 作用于中微子上导致一个不存在的态，因此这个理论在宇称运算下不是不变的。

3. 类似地，我们可以证明这个理论在把一粒子变为它的反粒子而既不改变自旋也不改变动量方向的电荷共轭变换下不是不变的。

为了检验轻子数的守恒定律和二分量理论完全成立，我们必须仔细考虑所有的中微子过程。例如在 β 衰变中我们一定有

$$n \rightarrow p+e^-+v \quad (\mathrm{H}_v=+1)$$

或

$$n \rightarrow p + e^- + \bar{v} \qquad (\, H_{\bar{v}} = -1 \,)$$

这可以用测定中性轻子的动量和自旋来确定，也就是测量它是否是一个中微子（右手螺旋）或一个反中微子（左手螺旋）。通过角动量守恒定律，对核和电子的极化与角分布的测量可导致确定中微子的自旋状态。类似地，通过反冲动量的测定，我们可以找到关于中微子线动量的信息。用同样方法我们不仅可用 β 衰变，也可用 π 衰变、μ 衰变和 K 衰变来检验二分量理论或轻子守恒定律的正确性。目前，这些测量还没有达到确定的阶段。我们的未来可能在很大程度上依赖于这些实验的结果。

(四)

科学的进步总是我们的宇宙观和我们对自然界的观测之间相互密切影响的结果。前者只能从后者中推演出来，而后者也被前者极大地制约着。这样，在我们对自然的探索中，我们的概念与观测之间的相互作用，有时可能会导致在已经熟悉的现象中，出现完全出乎意料的方面，正如现在的例子，这些隐蔽的性质，往往只是通过根本改变我们有关支配自然现象的原理的基本概念后才发现的。虽然这一切是众所周知的，但能够在一个单独的例子中，近距离观察概念与观测之间的相互作用和随后的发展，却是一种极其丰富和难忘的经历。我能在此向诸位报告，在目前的宇称不守恒和弱相互作用有关的发展中的部分经验，确实是一个特殊的荣幸。

策　划 ｜ 作家榜

出　品 ｜

出 品 人 ｜ 吴怀尧

总 编 辑 ｜ 周公度

产品经理 ｜ 赵如冰

特约校对 ｜ 田喆飞

版式设计 ｜ 李柳燕

封面创意 ｜ ［德］Joseph Botcherby

封面设计 ｜ 徐言博　古诗铭

内文插图 ｜ 古诗铭　王　媛　林　青

产品监制 ｜ 陈　俊

特约印制 ｜ 朱　毓

特别鸣谢 ｜ 上海交通大学李政道图书馆

图书在版编目（CIP）数据

对称与不对称 / （美）李政道著；朱允伦，柳怀祖
编译 . -- 北京：中信出版社，2021.3（2023.2 重印）
ISBN 978-7-5217-2753-1

Ⅰ. ①对… Ⅱ. ①李… ②朱… ③柳… Ⅲ. ①对称－
普及读物 Ⅳ. ① O342

中国版本图书馆 CIP 数据核字（2021）第 020848 号

对称与不对称
著　者：李政道
译　者：朱允伦　柳怀祖
出版发行：中信出版集团股份有限公司
　　　　　（北京市朝阳区东三环北路 27 号嘉铭中心　邮编　100020）
承 印 者：浙江新华数码印务有限公司

开本：889mm×1194mm　1/32　　　印张：6.5　　字数：98 千字
版次：2021 年 3 月第 1 版　　　　　印次：2023 年 2 月第 3 次印刷
书号：ISBN 978-7-5217-2753-1
定价：52.00 元